# 美妙的植物史

# LA PLUS BELLE HISTOIRE DES PLANTES

## 生　命　的　根　源

## LES RACINES DE NOTRE VIE

[法] 让－玛丽・佩尔特（Jean-Marie Pelt）
[法] 马塞尔・马祖瓦耶（Marcel Mazoyer）
[法] 泰奥多尔・莫诺（Théodore Monod）
[法] 雅克・吉拉尔东（Jacques Girardon）　著

李婷婷　译

西南大学出版社
SWUP
国家一级出版社　全国百佳图书出版单位

万墨轩图书
WIPUB BOOKS

# 目 录
*Sommaire*

# 前　言

Avant-propos

我们为树的历史着迷，也因此而陷入苦恼，因为它只是掀开了植物家族神秘面纱的一角。植物家族的历史，也是我们人类发展的历史；植物的根，也是我们的根，最初都沉浸于“原始汤”——这是所有生命诞生之地。在 20 多亿年的时间里，生命一直以植物的形式存在着。随后，从植物中产生了一个突变体，那是一个原始的生命。虽然它只由一个细胞构成，却长着一种类似嘴巴的东西，能吞噬一切，而且还有长须，可以四处移动、捕食。由此，动物主宰世界的历史开启了。

生命之树分裂出了两个主要枝干：一个属于刚出现的动物和位于顶端的人类，另一个则属于在不断生长分叉的植物。

植物的生命真是不可思议：它为以植物为食的生物提供生存所需的氧气。从鱼类到鸟类，从昆虫到人类，各种动物都依靠植物生存。

本书中，每个科学家在向我们讲述植物的历史时，都没有带入过多个人情绪。他们的观点并不建立在动物和植物生命平等之上，但是他们都非常强调这个宁静的植物界存在的重要性。我们与植物界保持着各种密切的联系和活动：我们可以愉悦地赏花；可以贪婪地品尝可食用的蔬果谷物；可以静静地享受修剪枝叶或在树林中散步；可以把植物制成产品后获取利润；我们热爱这绿意盎然的自然。假如大自然中没有了植物，那么，呈现在我们面前的将是一片凄厉荒凉的景象。

因为天生没有中枢神经系统，所以植物不具备智力。至少，这是目前我们对植物的普遍看法。但是，研究人员正在发掘某些植物之间可以沟通的秘密。而我们也知道，开花植物在繁衍生长的过程中，能够控制昆虫和其他动物的活动。从螺旋藻到玫瑰，植物经历了多么漫长的过程，才取得了这样的进步！但我们还不知晓全部的植物，对它们的了解还远远不够。况且，我们开始系统地研究植物也才三个世纪。再加上人类出现在地球上的时间如此短暂，我们转瞬即逝的一生根本就没有留出足够的时间，让我们去持续追踪在这个既熟悉又陌生的植物世界中发生的缓慢却深刻的变革。

因为植物看似不会移动（其实并不准确），所以我们觉得植物是固定不动的。比如，百年橡树群是另一个百年橡树群的后代，它们数千年、数百万年甚至永远都在同一个地区生长……大错特错。正如于贝尔・雷弗、若埃尔・德・罗奈、伊夫・科庞和多米尼克・西莫内在《美妙的世界史：起源的秘密》一书中向我们讲述的宇宙的诞生，植物界也在一直不停地进化。当然，它的进化与我们人类的进化不是同步的，但一直在出新、创造、变形、适应、发展，速度甚至有时比动物界更快。

为了更好地理解植物经历的时代，我们可以借鉴一个经典又常用于教学中的方法。这个方法就是把所有地质年代和我们想象不到的几十亿年，重新以我们可以理解的范围进行划分。既然20世纪已经过去，不妨假设45亿年（地球的年龄）等于100年，地球诞生于1900年1月1日……如果我们按照同样的时间比计算，那么生命出现在1923年。这个生命便是植物，但它还处于相当原始的状态。这些最先出现的单细胞藻类生物在很晚之后（1986年！）才拥有了细胞核。1991年，一部分植物第一次离开大海，来到陆地。从那以后，生物界开始加速发展；1994年，针叶植物开始发芽；1996年，哺乳动物出现；1998年，开花植物出现。首次记录下类人猿踪迹的时间是1999年7月，而智人时代开始于6个月之后，也就是在12月31日的下午结束时。同样是在这个除夕之夜，1999年12月31日22点04分，即新年钟声敲响前的 1 小时 56 分钟，新石器时代的人类发明了农业。

**让－玛丽·佩尔特**向我们讲述了这段野生植物征服世界的奇特冒险。他是梅斯大学植物生物学和生药学荣誉教授，同时也是欧洲生态研究所所长，还是法国当代名副其实的植物学家。如今，植物学遭人冷落，生物学却一枝独秀，而生物学的巨大成就往往让人忽视了其中最重要的一点，即生命并不能被简化为基因的组合。让－玛丽·佩尔特在其职业生涯中曾经在国外（主要是在阿富汗和非洲）进行过多年教学研究工作。他作品众多，其著作《回归原始生活的人类》获得法国 ELLE 杂志评选的女性读者大奖。他执导的《植物的冒险之旅》获得法国《电视七天》杂志颁发的最佳纪录片奖。同时，他还发表了近百篇科研论文。他像天文学家观测行星一样，一直观察着植物的变化，经常思考关于宇宙、生命、科学和信仰的问题。他像所有好奇心旺盛的人一样，有着充沛的热情和不懈的动力。作为学者和人道主义者，他会站出来强烈反对那些为了获得某项生物技术专利证书，为了获得更多利益，而在基因组上动手脚、冒风险的人。

一万年前，随着农业的出现，植物进入了一个新的发展时期。人类对植物进化过程的突然介入也是生物发展史上的一次重大转折，可以与人类掌握火，或者发明文字的意义相提并论。

在人类培育植物的过程中，人类逐步对植物进行筛选、改良，甚至有时改良到与原始物种毫无相似之处的地步。植物也随着人类的迁徙而迁移，并适应新的气候，占领新的土地。由于农业的出现，人口数量才得到了迅速增长。但也是因为人口数量的增加，森林被开发，耕地面积扩大，整个地球被人类占领。从此以后，植物的冒险便与人类的活动紧密相连。人类要把自己的法则凌驾于自然规律之上。为了放牧烧毁富饶的热带雨林，为了消灭杂草使用化学制剂。人类给水果和蔬菜注入刺激生长的添加剂，强行让谷物疯狂生长。如果中世纪的农民看到一块如今在发达国家随处可见的麦地，必定要惊呼其为奇迹。即使不是为了赢利，我们也要为地球上所有人生产出生存所需的食物。植物的进化与人类行为息息相关，市场规律取代了自然法则。

**马塞尔·马祖瓦耶**在谈到栽培植物时说道，尽管他一直在20多个国家围绕农作物栽培的问题开展研究，但还是情不自禁地不断拿他的家乡莫尔旺地区作为参考对象。好像他童年时见过的原野和树林教给他的东西跟在学校里学到的一样多。作为农业工程学家、河湖及林业工程学家，他接替勒内·杜蒙，成为法国国立格里侬农学院比较农业和农业发展专业的教授。他出版的《世界农业史》一书中，讲述了大量关于谷物和蔬菜的故事。他对植物感兴趣，也关心栽种植物的人——农民。当农民不再被迫以任何方式过量生产任何东西时，便是生命与风景的最佳守护者。

也应该好好谈谈危险的问题。流失的土壤，让岩石裸露在外；风推动尘沙蔓延，正吞噬一切；试图抵抗干旱的植物，在期待一场再也不会到来的大雨中焦死。在藻类植物离开大海之前，地球曾经一片荒凉，碎石裸露。后来，植物给地球披上了绿色的外衣，并制造出腐殖质。这一过程历经了数百万年。如今，气候的变化，尤其是数量过多的人类的行为，让一切回到从前，沙漠正以令人担忧的速度不断扩大。

**泰奥多尔·莫诺**是沙漠专家，他一再重申必须尊重生命。他出生于 1902 年，如今他仍在寻找一种在 1940 年被发现但已消失的小花。为了找到这位专家，得从毛里塔尼亚、利比亚沙漠、提贝斯提区跋涉到撒哈拉沙漠中心的某个地方。尽管他年岁已高，但每年仍然会在那里进行几次探险考察……或者，像我们一样幸运，趁他正好在法国国家自然历史博物馆停顿休整时，借用他几个小时的时间见见面！正是在这个植物园里，当他还是孩子的时候，他就产生了成为博物学家的想法。这里就是他的基地。他是植物学家、动物学家、地质学家、考古学家、人类学家，他无视学科的界限，游走其中。这个男人身材矮小瘦弱，但坚忍的毅力让人印象深刻。泰奥多尔·莫诺本人就是个活着的神话。他是法兰西学院、法国海军学院、法国海外科学研究院的成员，是比利时、葡萄牙、英国、美国这些国家的科学研究院的成员。他本可以通过这些显要的职位光荣退休，但是这位热爱思考的冒险家愿意带着一份从未改变的好奇和热情继续穿越沙漠。虽然他悲哀地认为，人类从很多方面来看仍然是一种破坏地球的灵长类动物。

植物的历史起源远早于人类，而且幸运的是，植物的历史还远未接近尾声——只要看看大自然是以怎样的速度入侵每一寸空地，草又是怎样钻进最窄的缝隙撑开混凝土的。几个月的时间，一片绿篱便在城市里隔出一个空间；加拿大飞蓬撕裂了沥青路面，使得密蒙花能够在这儿扎根并开出淡紫色的花朵。在黎巴嫩国内战争结束时，贝鲁特市中心曾经作为两个派别分界线的达马斯大街已经变成了一片真正的丛林。植物的生命多么强大，能施展计谋，开展合作，创造出比化学世界更多的“分子”。但是，每年仍有一些物种在消失，永远消失。当然，不是所有物种都在走向灭亡，但陆地植物群大量减少将对动物物种产生威胁，而这种威胁将从我们人类开始。因此，正如让－玛丽·佩尔特、马塞尔·马祖瓦耶、泰奥多尔·莫诺分别以自己的方式所讲述的那样，是时候去颁布一条尊重生命的普遍准则了。尊重所有形式的生命，如果没有这些生命，人类的生命也就毫无未来可言。

**雅克·吉拉尔东**

第一章

# 蛮荒历险记

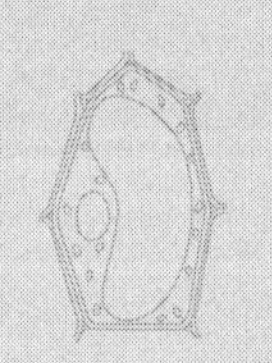

Acte 1

# L'ODYSSÉE SAUVAGE

## 第一节

## 海洋生命

一声大爆炸，宇宙形成了。太阳及其卫星出现了。在经历了糟糕的10亿多年后，地球的情况渐渐稳定下来：陆地逐渐变冷，火山活动减少，浓厚的灰色雾团使陨石坠落轰击表面的次数渐渐变少。于是，在覆盖地球表面的一片浊水中，我们的祖先——那些奇特微小的生物便诞生了。

## 一个小小的绿色细菌

**雅克·吉拉尔东（以下简称“雅”）：**有个笑话说，人类是从猴子进化来的，猴子是从树上掉下来的。[①]这个笑话表面上看还挺合情理的……我们的远古祖先真的是植物吗？

**让-玛丽·佩尔特（以下简称“让”）：**植物？是的，但不是树……人类是动物界中近期才出现的代表，动物界早在树木出现之前就已经从植物界中分离出来了，那时的生物只能生活在海洋里。

**雅：**在地球诞生后的很长一段时间内，生物的历史才开始启动吗？

**让：**不。在第一个10亿年里，纯粹只有化学层面的进化，但这个过程甚至还没占到地球历史的四分之一。很快，大约在35亿年前，在原始海洋中出现了生命。首先出现的是具有植物

① 此句中“进化”和“掉下”的动词皆为法语“descendre”，猴子从树上掉下来具有一语双关的内涵，暗指猴子是从树进化来的。——译者注

特征的生物。目前，在澳大利亚和南非发现了一些古老的生物化石。但这些化石依然还是有待解开的谜题：这些生物和细菌长得很像，不过在它们体内发现了叶绿素。

**雅：那这些细菌属于动物界还是植物界呢？**

**让：**两者都不是，它们自成一界。我们可以轻松给出植物的定义，即含有叶绿素的生物。不过，不含叶绿素的生物并不一定就是动物。比如，不含叶绿素的蘑菇就不是动物。细菌界非常特别：细菌不是结构完整的生命，没有细胞核，细胞也要比其他生物的细胞小很多。

**雅：所以细菌从未进化过？也没有过后代？**

**让：**它们一直以细菌的形式存在。这就是进化的神秘之处：人类认为进化是一种进步的行为，一种永不停息的改良；不过，有些生命形式在几乎没有进化的情况下继续存在。这些微生物就是如此。现在的微生物和 35 亿年前一模一样。

**雅：**因此，植物不是细菌的后代，但可能是从某个含有叶绿素的细菌祖先衍生而来的？

**让：**海德格尔有一句名言："源头藏于开端之下。"意思是，要了解一种现象，首先要确定存在这种现象。所以，我们永远不能确切证明已发现的最古老的化石就是第一个生物的化石，永远没有人找得到第一个含有叶绿素的细胞的踪迹。

## 嘴的产生

**雅：**但这与我们自己的祖先有关系！我们是谁或者是什么东西的后代？

**让：**我们最古老的祖先可能是多甲藻属藻类。

**雅**：我们的祖先是什么样子？当时在哪儿生活？是如何孕育出动物界的？

**让**：那时，一种具有典型植物细胞的微细藻类出现在海洋中。这种藻类内含叶绿素，并且可以通过叶绿素进行光合作用，也就是说通过光能将体内的二氧化碳和水转化成糖，这些糖便附着在细胞膜上。这个细胞膜又厚又硬，含有纤维素。我强调一下，这是当时最好的植物细胞。为了繁殖，胞甲藻属——我们这样给它命名——放出了一种特殊的小细胞：一颗带有鞭毛、可以游动的孢子。

**雅**：是通过化石推断出这一切的吗？

**让**：是的，再加上可以通过直接观察这种藻类，它至今竟然还存在！另外，这也是我们今天还能看到某些情况下孢子永远没有长成的原因。孢子通过叶绿素产生少量的淀粉，但不会被厚厚的细胞膜包围，也不会失去它的鞭毛；而接近成熟的藻类和其他植物一样，不能再移动了。另外，因为它还有凹陷的槽沟，所以有人认为这种叫作多甲藻属的孢子有“嘴巴”。

**雅**：嘴巴？用来做什么？

**让**：什么作用也没有。我们可以直接看到一个不会变成熟的孢子；因为鞭毛，它可以在海里游动，又因为它奇怪的假嘴，所以看上去像在海里游泳的动物……

**雅**：这种生物依然存在吗？

**让**：是的。而且还存在第三类奇特的生物——裸甲藻属：同样的孢子，有着同样的鞭毛和同样的嘴巴……但有更多叶绿素，因此光合作用能力更强，能制造出更多糖。所以，这个细胞不得不在体外进食了！它要吃……那个曾经出现在第二种形态中的假嘴变成了真的嘴巴，而且就像动物的嘴巴一样，十分管用。

**雅**：以前，这就是假想的嘴巴而已……

**让**：假想的嘴巴已经产生了一种功能！在第三种形态下，我们便进入了动物界。没有叶绿素，但有嘴巴、可活动的孢子，是一种原生动物，这可能就是第一种动物。这三种生命形态相互之间都有相似之处。由此我们可以从中观察到从植物向动物发展的过程。

**雅：**动物的关键就是这张嘴，它可以借此吞食其他生命体，而不是靠阳光和新鲜的水存活。那么，多甲藻也经历了这个过程吗？

**让：**当然，也是这三个阶段。

**雅：**人们现在还发现了一些奇特的生命体，介于动物和植物之间，比如海绵……

**让：**海绵是一种动物！简单来说，海绵是最原始的多细胞生物。它甚至不是一个真正的有机体，仅仅由多个普通细胞组成，不过它不是植物。

**雅：**但商家还保证卖的都是植物的海绵……

**让：**这是个错误，可能是有意为之。谁想用一个令人大吃一惊的动物擦拭身体呢……

**雅：**让我们回到动物的初始形态——裸甲藻属。它出现的时间相对较晚，它出现时，生物已经完成了几次重要的变化。藻类生物已经产生雌雄性特征很长时间了。

**让：**是的。我讲的这些生物都是真正有细胞核的生物，都是已经进化了的藻类。之前的生物没有细胞核，没有雌雄性特征，这就是早期的细菌界……

## 蓝 藻

**雅：**永存的细菌呀！增长的总是同一个细菌，因为只有雌雄性出现后才有了死亡的概念。个体的淘汰保证了物种的延续。

**让：**确实。无性繁殖就意味着不会消亡。每个一分为二，以此类推……这是蓝藻的繁殖方式。事实上，它是一种含有叶绿素的细菌，因此出现在有细胞核的完整细胞，即多甲藻属之前。

**雅**：所以这种叫作蓝藻的生物是当时有植物特征的微小细菌吗？是第一种植物吗？

**让**：就是它！我们也常称它为蓝细菌。它含有叶绿素，可能早于不含叶绿素的细菌。但是必须要说明，我们所掌握的有关 35 亿年前的信息仍然非常不清楚。唯一可以确定的是，蓝藻十分古老，并且曾在有生命存在的最初 20 亿年里占据了统治地位。

## 糖是开端

**雅**：在这之前呢？

**让**：可能曾经存在一个转化成糖的古老系统：发酵产生乙醇和二氧化碳。请想象一个装满李子的桶的表面形成的泡沫，这就是从桶里跑出来的二氧化碳。但必须得先有糖！

**雅：糖是通过叶绿素产生的……**

**让：**不仅仅是这样。我们都知道，糖是在原始大气中自然形成的。

**雅：我们真的曾经在宇宙中发现过乙醇分子……**

**让：**是的，我们曾经发现过 70 多种由恒星合成的有机分子……因此，生命体出现以前产生的糖可以被无叶绿素的细菌给吸收掉。但在这种情况下，细菌会消耗完所有的糖。细菌所吸收的糖不应该比大自然制造出的糖多。不过，在光合作用之下，植物发明了大量产糖的方法。

**雅：重新回到开始……**

**让：**我们可以想象一下这个画面：厌氧细菌，也就是说可以在无氧环境下生存的细菌，吸收“原始汤”中的糖，然后发酵。细菌将这些糖转化成二氧化碳和乙醇。如今，在我们刚才提到的李子桶里，酵母继续干着这份古老的活儿。在几次变化之后，其中一个菌种得到了进化，开始利用叶绿素去吸收二氧化碳，产生糖。简单来说，就是这个菌种产生了光合作用。不过，光合作用也排出了废物——氧气。于是，海水和大气中充满了氧气。再晚一些，一些细胞接连发生变异，失去了体内的叶绿素，而通过摄取大量氧气进行呼吸。

**雅：**这么看来，生命可能当初就是在糖中形成的？

**让：**的确是，但那是没有甜味的糖！比如纤维素和淀粉……

**雅：**所以，生命是在糖中产生的，也是在一片朦胧中。我们不甚了解生命的诞生，但我们更加清楚之后发生的事吧？

**让：**只能通过想象，没有绝对的信心。我们利用手上掌握的信息来重建一种逻辑。从科学的角度来说，这正是我们称之为理论的东西。

**雅：无论如何，地球年龄越大，我们掌握的信息就越多……**

**让：**的确。我们知道蓝藻已经创造出了一种非常棒的东西——光合作用，而且光合作用对细菌的作用很大。在整个前寒武纪时期，也就是自地球诞生到 6 亿年前的这段时间里，这些细菌在地球上留下了很多痕迹。植物的大量形成，使石灰石地质得以固定并形成了结核，结核沉积后便在海底形成了沉淀物。

**雅：现在还有蓝藻吗?**

**让：**当然。而且它们还在继续生产钙质结核。

**雅：在浮游生物中找得到它们吗?**

**让：**蓝藻是浮游生物的重要组成部分，但是在浮游生物之外也有蓝藻。它们还存在于田野中……蓝藻离开大海，“开始了旅行”，我应该可以这么说。

**雅：**我猜想那时离开大海的还有绿藻吧……

**让：**完全正确。离开海水后的绿藻繁衍出了陆地植物。而来到陆地的蓝藻一直都还是蓝藻。虽然现在无法经常辨认出它们，但我们肯定都见过。它们是簇生生物，有点儿像唾沫。如果环境非常潮湿的话，我们可以在花园的地面上找到它们。就是一个挨着一个的菌落，看起来像一个有机体，但其实并不是：它们没有任务分工，仅仅是聚集在了一起。我得提醒一下，因为蓝藻极小，只有一个细菌的大小，所以它们只有聚集到一定数量，我们才可以用肉眼看见。因此，看着这些泡沫堆积物，就有可能看到了一个非常古老的世界。不过用肉眼永远都看不到这个古老世界的个体。

**雅：**这真是太奇特了！物理学家得用大型先进的设备来分解基本粒子才能了解物质的成分。天体物理学家需要超强功能的望远镜和卫星才能看到宇宙，猜想宇宙的诞生。但是在涉及植物和动物起源的问题时，只需在花园里散步时睁大双眼就可以了。

**让：**是的。每次我在花园看到一堆蓝藻时，我就好像看到了生命的起源。

**雅：**而我们都是蓝藻的后代！或者，更确切地说，是类似这堆蓝藻的一种蓝藻生物的后代，这种蓝藻进化了，与其他蓝藻生物不再一样……

**让：**非常有可能。

## 细胞核的秘密

**雅：**那么，从蓝藻到人类，这中间到底经历了什么？

**让：**这还是一个谜。这是关于生命起源的第三个谜团。关于生命，总共有三个谜团。首先是宇宙大爆炸、星系和地球的形成……第一个 10 亿年是前生物化学时期……生命的出现是第一个谜团，但这也不再完全是个谜了，因为我们通过在实验室里创造出地球的原始大气，差不多已经复制出了生命体的构成分子。接着是第二个谜团：我们不知道叶绿素是在哪个时刻以什么方式进入细胞体内的，并且永远没有人知道。第三个谜团就是地球诞生30亿年之后蓝藻进化成有核植物细胞的过程。或者，用科学术语来说，从所谓的“原核生物”细胞进化成完整的“真核生物”细胞的过程。生命的形成只需要10亿年的时间。比细胞核内染色体的重组时间少了一半以上！

**雅：**20亿年无明显进化现象，这真是太久了！那为什么这种曾经如此稳定的原始生命体突然发生变化，开始与一些细胞结合，总之在各方面开始进化而且速度越来越快呢？

**让：**对此我们一无所知。而且我们也不知道细胞核是怎么形成的。关于这个问题，目前还没有形成一个强有力的理论，也没有一个理由充足的推论。有些生物学家，比如琳·马古利斯认为有一种细菌通过入侵变得体积巨大，不能再与其他细菌进行基因交换，因为其他基因在那个巨大的细胞中会被稀释……因此基因只能在内部进行重组……不过我们得诚实而清楚地坦白，现在的我们仍不知道这是如何发生的。我们仅仅知道有核细胞出现在15亿年前，而20亿年前只有蓝藻存在。

**雅：**细胞核就是在那个时候出现的吗？或者我们只发现了那个时期的细胞核？

**让：**我们测定出细胞核出现在那个时期。

**雅：**所以在此之前，可能存在一种处于过渡状态的有核细胞，并且在我们现在所知的、更具竞争力的细胞核出现后便消失了？

**让：**可能是吧。事情往往就是这样，最终存活下来或者留下足迹的生物是最具有竞争力的。但若是能找到化石，很可能会发现我们一无所知的过去精彩纷呈。原型最终都消失得无影无踪，只有大批量生产的东西才留下了一些痕迹。

**雅：**所以，有一天，一个超大的细胞出现了……

**让：**在这个超大的细胞中，所有染色体重新组合，形成一个被细胞膜包围的细胞核。但是只通过简单的接触，这个结构不再能传递或接收遗传信息。运用经济学的说法，基因的自由交换不再可行。大型有核细胞间的信息交换也变得不再可能。于是，有核细胞转向有性生殖。

## 第一次捕获和控制

**雅：**所以雌雄性特征和细胞核一起被神秘地创造了出来。

**让：**这是偶然的创造，也是进化筛选的结果。其中也发生了一件让人极其惊讶的事：那个已经十分复杂的生物，那个巨大的有核细胞竟然捕获了蓝藻！它吸收掉蓝藻后生成了叶绿体——植物细胞内进行光合作用的场所。蓝藻融入了一个更复杂的整体……我们在其中发现被生物学家忽视的共生现象，曾经在进化的某些阶段发挥着极其关键的作用。

**雅：细胞捕捉蓝藻，难道是因为蓝藻能进行光合作用？从某种意义上说，细胞吃掉了蓝藻，让蓝藻助其生存……**

**让：**是的。当时的细胞已经进入了一个高级的组织阶段。被细胞膜保护的细胞核内已分裂出了染色体，细胞核外环绕着细胞质。细胞质通过与二氧化碳、水和阳光发生反应产生糖。细胞就是一个小小的加工厂，不同于组织程度低、内部互换、混为一谈的细菌。

**雅：这是15亿年前发生的事了。那在什么时候植物界创造了动物界？什么时候出现了动植物分类和那张著名的“嘴”呢？**

**让：**我们完全不了解！我们知道延续至今的古老生物，那些多甲藻属——就是我们刚刚说过的藻类——通过细胞的叠加从植物进化成了动物。这就是全部了。

**雅：我要用另一种方式表述这个问题：我们是从什么时候开始发现了既没有进行发酵作用又没有进行光合作用的生物？**

**让：**似乎是与有核细胞和雌雄性特征同时出现的。

**雅：总之，15亿年前确实发生了很多奇特的事！**

**让：**是的，这是一个关键时期。同样是在这个时期，出现了另一种基本现象：多细胞生物的形成。有核细胞一形成，便开始结合。这些细胞不是像蓝藻一样简单地叠加在一起，而是重新组合，变得更加专门化。细胞有了分工，尤其是明确了裸露在环境中的外部和需要得到保护的内部。由于有了明确分工，所以每个细胞都得付出，并且相互依赖。得不到阳光的内部细胞，就再也不能进行光合作用了，得靠周围的细胞生存。而且它们形成了一种机械组织，就是我们在沿海地带能看到的多细胞巨型藻类的黏结骨架。同样，所有细胞都不能被分开，否则就会功能混乱，不利于植物生存。比如，在绿藻中，只有位于藻丝体顶端、可以促进生长的细胞才有分裂功能。

## 大海涂染天空

**雅**：在出现这些伟大创造的时期，地球是什么样子的？

**让**：地球仍然在前寒武纪时期，第一个地质时代，但是地球缺少氧气的时期已经结束。大气层也已经发生了变化。蓝藻在产生氧气的同时，已经改变了地球之前所有的景象。之前，地球被笼罩在厚厚的、灰色昏暗的雾气中，雾气的主要成分是二氧化碳、氮、水以及一些甲烷和氨气。二氧化碳在紫外线的照射下，产生了温室效应，导致气温升高，水变成了水蒸气。然后,在与氧化钙结合产生石灰石的过程中,二氧化碳大量减少。气温下降，水凝结变成了雨水。一场真正的大洪水来了，海洋面积扩大，生命出现。

**雅：**但我想地球的环境发生改变也是在很久之后吧?

**让：**这确实是一个漫长的过程。但是，在那个出现了雌雄性特征、有核细胞和最原始生物的时期，20 亿年的光合作用所产生的氧气发挥了极其重要的作用。在紫外线的作用下，氧气生成臭氧，臭氧形成臭氧层，保护生物不受超强紫外线的照射，并促进生物生长。此外，大气对于太阳光的散射作用，使得天空从此变成了我们所熟悉的蓝色。

**雅：**因此，是植物让我们的地球变得多姿多彩。

**让：**是的，植物让大海变成了绿色，因为大海里到处是含有叶绿素的浮游生物。绿色的大海，通过它里面的浮游生物释放出来的氧气也让天空变得蔚蓝。

**雅：**那现在地中海为什么是蓝色呢?

**让：**这是缺少浮游植物、生命力比较弱的表现。

**雅**：即便那个时候大海覆盖了整个地球，浮游植物的数量能满足制造如此多氧气的需要吗？

**让**：浮游植物能产生大量物质。比如，英吉利海峡中的植被就差不多和其海滨牧场的植被一样多。所以说，英吉利海峡中的植物能产出足够多的氧气。

**雅**：这么说，是因为有了植物，所以动物才可以存在。

**让**：是因为地球变成了一个有氧气的星球。

**雅**：不过，最开始，氧气对于植物来说是废料，那氧气太多，可能就是毒气了，对吗？

**让**：确实是的，氧气多了，就成了有毒气体。

**雅：**因此，我们可以这么认为，有些生命形态曾经存在，但还没来得及留下自己的痕迹，便因氧气的产生而被杀死了。

**让：**是的，极有可能是这样。但同时还存在厌氧微生物——一些不需要氧气的生物。接着，适应这种新的有毒气体的环境便成了生物活下来的唯一出路。呼吸就是一种废物的再循环。

## 铁器时代

**雅：**值得注意的是，血红素的红色和叶绿素的绿色是互补的颜色。

**让：**叶绿素的分子结构和血红素的分子结构是相似的。实际上，只能靠它们体内的金属元素才能把它们区分开：铁元素让血红素变红，镁元素让叶绿素变绿。

**雅**：我不自觉地会想到火星上的绿色小人……我们有时会发现植物界和动物界之间有着如此多的联系，以至于一些小说都以此为故事主题……

**让**：除了科学之外，还有一个源自中世纪因歌德而到达鼎盛的流派曾尝试采用类推法来了解自然界的存在秩序。其中有一种分类非常吸引我。看一棵树：树长出树枝和叶子，一直向空中延展；枝叶吸收空中的二氧化碳，造出糖，释放出氧气……这就是植物界的生存法则。观察一下动物躯干：支气管取代了树枝。支气管不再延伸到空中，而是深入血液，从血液中获取氧气，通过血液循环获得血液中的糖，然后将糖消耗转化成二氧化碳排出……这就是动物界的生存法则。您会发现绿色世界和红色世界惊人的相似性，而且这两个世界是互补的。一个世界外向化，另一个世界内向化。器官越是向外伸展，就对正努力获取更多阳光的植物世界更有利。越是保护好器官，让它们藏在躯干内部，动物世界就越能更好地运行。

**雅：可是，我们不是说，应该避免晚上把植物放到卧室，因为植物会消耗氧气吗？**

**让：**是的，确实是这样。植物也要呼吸，白天晚上都要呼吸。但是对比植物吸收的氧气量和光合作用产生的氧气量，我们发现，尽管光合作用只在白天进行，呼吸作用消耗的氧气并没有光合作用产生的那么多。

**雅：就像某种形式的“应急发动机”，一旦没有了阳光，它便可以慢速运转、交替工作……**

**让：**可以这么说。在没有阳光的情况下，植物只依靠呼吸作用并不能维持很久。如果黑夜变长，植物就会变得瘦小，最后死去。但是我们之前就察觉到，过量的阳光也会阻碍光合作用的进行。有些植物习惯生活在几乎没有阳光的地方，比如生长在森林地面上的长春花，以及所有生活在灌木丛中的植物。而且，有一些热带植物就好像我们能屏住呼吸一样，竟然在阳光最强烈的 11 点到 16 点完全停止进行光合作用。实际上，正是炎热让它们关上了进行气体交换的气孔。不过，我们发现这种现象持续的时间并不会很长。这也表明植物适应环境的方式真是太巧妙了。

**雅：**源自植物的动物同样要适应、进化、生存……其中的一种最后变成了会思考的芦苇！不过，在这个大冒险中，动物和植物仍保持着联系。原因之一是植物会被它们所孕育出的新生物给吞噬。其二是不久之后，它们要学会如何利用动物。

**让：**完全正确。但是，在第一个阶段，当时的生物依然生活在大海中，植物的进化比动物要慢很多。动物已经变成了多细胞的复杂生物，鱼就是一种进化特别明显的动物。动物世界所有重大的改变都是在海里进行的，而植物进化缓慢，依然有很多是单细胞植物。6 亿年前，动物界的进化特别显著。目前已有的动物类别当时都已经产生了，不过也有很多种动物没有存活下来，但它们都是该任意创造时期的特有产物。而植物，只有在接触了露出水面的陆地后，才重新开始了进化。

## 第二节

## 占领陆地

藻类正在适应坚硬的土壤，而它的后代将占领这片土地。植物争相进入并适应这个复杂的环境，加快了进化的脚步。

## 红色和绿色

**雅：**当时，植物和其他生物一样，一直生活在大海中。刚形成的陆地对植物有影响吗？

**让：**大陆的沿海地带发挥了巨大作用。由于这里海水不深，在每天一涨一退的潮水的影响下，沿海地带就成了陆地和海洋这两个世界的过渡带。在那里，藻类产生了不同的形态。如今，在海滩散步时就可以观察到这一现象。在海岸边的高处，能看到长得像生菜的绿藻。在退潮的地方，还有不少水，而且阳光充足，遍布着褐藻。再往更远处看，在阴暗的海水下，长着长度可达80米的红藻。这种红藻由于生活在深水区，缺少阳光，因此仍处于原始状态。褐藻是拥有有利条件的藻类——它们集合了光照充足和依附岩石这两个优点，因而可随激烈的海水进退，而且富含二氧化碳。这也是我们说褐藻是进化最完全的藻类的原因。至于绿藻，它们得忍受艰苦的条件，就是它们所在的区域在退潮期间会长时间裸露在外。大量的叶绿素让它们依然保持着绿色的外表以应对环境。红色、褐色、绿色……我们可以在沿海地带看到藻类的进化过程。这是藻类进化的一大特征。

**雅：**这是与空间移动相关联的一场进化。向陆地迁移……

**让：**确切地说，与环境自身的变化有关。海水深度变浅，沿海地带出现。但结果是一样的，生物将来要到坚硬的土地上。

**雅：**一片还不太适合生命生存的土地。

**让：**土地一片荒芜，没有一点儿生命的迹象，更没有植物和动物。矿石真多呀！植物还没有产生腐殖土，所以当然就没有土壤了。只有裸露的岩石……谁能够适应一个离开水的世界呢？在潮汐的作用下，有一种植物已经非常熟悉这个新的环境了。谁进行了大量的光合作用？海里的叶绿素已经能有效工作了，但不是在海底，而是在阳光强烈、有浮游生物的海面。正是绿藻具有了上述适合陆地生活的特征。所以，在 4 亿 3 千万年前，它占领了整个陆地。

**雅**：这就是登陆了……

**让**：可以这么说……臭氧层已经变得足够厚，可以抵挡阻止生物上岸的极地紫外线。大爆炸结束之后，植物可以离开海洋了！但是大家不应该认为一大堆的绿藻会突然爬满所有岩石吧……是的，完全不是这样。我们讲述的时代——志留纪，经历了一个干旱期。海水退去，形成的水潭、环礁湖、沼泽地困住了生物。当然是最靠近海岸的生物。那里有一些藻类。绿藻将存活下来，适应环境。

## 不是动物也不是植物

**雅**：以后我去岩石区钓虾或者抓螃蟹，再也不会用以前的眼光去看那些让人滑倒的“生菜”了！

**让**:可以确定的是,以前沼泽地里并没有很多虾。不过那时，地球上已经出现了一种总是被我们忽略的生物——真菌。真菌是一种具有丝状体、不含叶绿素的多细胞生物。

**雅**：因此它们不是植物？

**让**：它们有植物的外形，但不是植物。

**雅**：那么，它们更不是动物……

**让**：嗯，它们也不是动物。介于动物和植物之间，就像细菌一样。它们自成一界。

**雅**：真菌和细菌会危害我们的生命。

**让**：是的，但在许多方面它们又帮了我们。

**雅**：那么病毒呢？

**让**：出现得更早。病毒比细菌更简单，只能在活细胞内寄生。病毒又是另一种类型，接近晶体。它们是寄生生物。事实上，我们可以说病毒界、细菌界、真菌界、植物界和动物界都存在。对于一些人来说，还有人类界，因为这种动物是自猴子出现以来进化程度最高的物种。

**雅：**真菌是谁的后代？

**让：**藻类生物。像动物一样，在某一天，它们失去了叶绿素。它们很古老，曾经生活在海里……它们有第二种吸取养料的方式，即食用有机食物。它们消化废料或者选择寄生。它们与动物一样进食。正因此，我们才说真菌像动物。另外，它们有植物的外形，但是没有叶绿素。此外，在某些寄生植物身上，我们还观察到叶绿素的消失。它们不再进行光合作用，而是从其他植物上吸取养料……

## 植物长高了

**雅：**因此，那时的世界还是一片淤泥。泥里满是真菌和绿藻。然后呢？

**让：**过去的理论说，绿藻孕育了苔藓植物，苔藓植物进化成了导管植物，然后是种子植物，最后是开花植物。这是我学到的知识。

**雅：**难道不是这样的吗？

**让：**根本就不是……确实，最接近绿藻的生物是苔藓植物。和绿藻一样，苔藓植物没有导管。不过，苔藓植物要比第一批导管植物出现的时间晚很多，被发现的第一批导管植物标本出现在 4 亿 2 千万年前。导管植物不像藻类生物那样松软，而是一种可以直立的植物。它有着灯芯草的外形，高 5 厘米，最高处有双齿型分叉。这种二分法完全就是远古植物的特征。植物茎秆里面的导管可以帮助汁液流通。换句话说，植物要通过导管把从土里吸取的水分输送到植物顶端。如果一棵植物能把水输送到顶端的话，那么它就会向高处生长。因此，这应该是我们已经发现的最古老的木质植物，即含有木质素的植物。它们是在爱尔兰被发现的，被叫作库克逊蕨。在绿藻占领陆地后，它们好像仅仅存在了一千万年。从进化的过程来看，这个时间可以说太短了！

**雅：**这些蕨类曾侵占了地球吗？

**让：**这种植被还十分稀疏。它们生长在环礁湖区和沼泽区，低矮、无叶，通过茎秆进行光合作用。

**雅：那么这些库克逊蕨的繁衍尝试没有结果吗？或者它们曾经有过后代吗？**

**让：**它们的后代曾经惊人地丰富！因为这些植物还有非常有趣的一点：它们仍有孢子，不过孢子不在水中游动，而是在空中飞舞。孢子会被风带走，然后散落到其他地方。因此，大海对它们的影响变小了，而空气的影响变大了。虽然库克逊蕨在今天已经灭绝，只存在于化石中，但这就是我们把它们看作高等植物祖先的原因。在如今的植物群中，还能找到一些与它们相似的种类，有两个植物分属……几乎无足轻重！那些热带植物看起来似乎就是这些奇特的爱尔兰植物的后代。

**雅：哪种植物是库克逊蕨的后代呢？**

**让：**莱尼蕨，与库克逊蕨的外形相似，但更高，高 50 厘米。我说的是在莱尼小城的红砂岩中找到的化石。这些化石已经有 3 亿 9 千年的历史了。莱尼蕨属中有些草已经具有毛被，虽然还不是叶片，不过已经有了雏形，再也不是光秃秃的茎秆了。

## 苔藓的奥秘

**雅：当库克逊蕨创造出木本植物的时候，地球上发生了什么？**

**让：**在那个时期，一种鱼离开了大海，进化出了鱼石螈。简而言之，经过一代代的繁衍，鱼鳍变成了爪子，鱼鳃变成了肺，最终诞生了最早的两栖动物。

**雅：所以，植物和动物是同时离开大海的？**

**让：**动物紧随植物之后，这与海平面下降有关。海水的水位下降迫使沿海生物进化。

**雅：那些大灾难至少也对进化起了推动作用！**

**让：**绝对是这样的。一些低级生物适应了环境，但并没有太多变化，比如蓝藻；其他较复杂的生物，则随着环境发生了巨大变化。多细胞生物也在此过程中发生了巨大变化。

**雅：**越复杂（也意味着越脆弱）的生物，则越要进行根本性的变化。

**让：**是的，弱点变成了进化的动力。所以这些已经创造出木质素的蕨类能扎根在地。而很久之后，苔藓植物出现了。这是个奥秘,因为它们的进化程度反而更低。苔藓植物没有木质素，没有根，有点像藻类。

**雅：**它们什么也没创造出来吗？

**让：**不。它们改良了茎叶的排列分布，以获取更多的空气。

**雅：**既然它们不是库克逊蕨的后代，我们是否可以认为这是藻类生物的另一次没有太大影响力的进化呢？

**让：**这太有可能了。从化石判断，苔藓是在 3 亿 5 千万年前才出现在地球上的。但是我们也知道，因为苔藓没有木质素，很难变成化石被保存下来，所以相较于其他物种，我们还不是那么确定它们出现的时间。

## 忘记大海

**雅：**可以确定，在3亿5千万年前，一株细小的植物就已经长出了茎和叶……

**让：**这是最根本的，因为只有长出了茎和叶，陆生植物才可以大量增加表面积。在大海里，需要大量的绿藻才能进行光合作用。在空中，则需要每棵植物长出大量叶片来扩大接触空气的范围，从而获得更多的阳光。但是，尽管有了这种新的生长方式，苔藓植物仍然生活在海里。为了繁殖，它们需要处于潮湿的环境中，以便它们的精子细胞能游动到雌性生殖器官——颈卵器中。确实和藻类生物的繁殖过程很像。如果苔藓植物处于干燥的环境中，就无法繁殖了。植物要想依靠自己改变这种水生繁殖的方式非常艰难。不过，与动物相反，它们成功了。包括人类在内的各种动物，继续生产出像海洋祖先一样游动的精子细胞。植物则通过自己的努力，慢慢消除了所有海洋生物的特征，创造出了“干燥”的精子细胞。精子细胞通过导管被输送到雌性细胞里，而不是靠在液体中游动。

**雅：因此，这是一种比人类的进化更加彻底的进化。**

**让：**更加彻底！植物的繁殖系统进化能力强大，而动物的繁殖系统从根本上说还依赖着液体环境。植物利用风、昆虫、动物等媒介进行繁殖。可借助的媒介可谓多种多样！这也是植物界比动物界繁殖能力更强的原因。在动物界，动物按照一条简单的进化线繁衍进化：从鱼类到两栖动物，从两栖动物到爬行动物，从爬行动物到哺乳动物……

**雅：植物的分株速度太快了！**

**让：**相当快。库克逊蕨的孢子就已经是由风，而不是由水传播的了。但是，吹到地面的孢子继续发芽长成一个微小的植物器官——原叶体。原叶体就像有雌雄性器官的藻类生物，精子细胞必须要一直游动，才能到达雌性细胞，所以原叶体必须得是湿的。此时离海洋的生活方式还不是特别远……

**雅**：那之后呢？苔藓植物之后将变成什么？

**让**：苔藓植物的进化到此结束。它们已经找到了一种适应的状态，不再试图去做其他的变化。从此，苔藓植物就再没发生任何变化。它们现在的外形和最古老的苔藓植物化石一模一样，什么都没有变过。

**雅**：但是我们并不了解这些苔藓植物出现的意义，毕竟那个时候，植物的进化已经达到了一个比较高级的程度了。

**让**：这也是有些生物学家认为苔藓可能发生了退化的原因，它们就像是一种失去了导管的库克逊蕨。这种情况是可能的，因为生物退化现象是存在的。我们得一直面对这种假设：一种我们理解不了的进化可能就是退化。由于植物慢慢停止制造导管，所以汁液越来越难被输送到顶端，因此植物变小了……但这也仅仅是一种假设。

## 一直在变高

**雅：**苔藓可能在进化的半路上掉了头。就像鲸，这种思乡情切的哺乳动物，又回到了大海……总之，既然苔藓植物已经到了进化的尽头，那么我们在了解接下来的历史时就不需要再提到它了。

**让：**是的。从库克逊蕨开始，我们可以发现进化的两大趋势：产生生殖器官和营养器官。我们从营养器官说起。它的形态表面上看起来是最简单的……因此自植物出现导管并通过导管吸水的那一刻开始，植物就开始疯狂地制造导管。植物把导管一个一个绑到一起便形成了许多维管束……

**雅：**这是暴饮的表现。

**让：**植物企图不断吸取更多的水，变得越来越强大。它越往上长，越能获得更多阳光。它越强大，就越能从地里吸取更多的水并送到顶端。这样，在争夺阳光的过程中，原始植物慢慢长高了。

**雅：**确实，世界也发生了变化！坚硬的陆地变得有些像海洋了：一片绿色。

**让：**完完全全变成了绿色！植被覆盖了地球。

**雅：**然后这些植物进入了相互竞争的状态……

**让：**是的，它们争着去寻找阳光。

**雅：**这些植物形成了一片巨大的森林，即便它们还不是真正意义上的树木。

**让：**是的，它们依然还是一些低矮植物。它们覆盖了所有松散湿润的土壤，导致每棵植物必须努力高过另一棵才能得到阳光。对阳光的争夺至今仍是植物优胜劣汰的分界线，是植物间的战争。既然长得高的植物才能获得更多的阳光，我们自然而然也就看到植物变得越来越高了。3 亿 8 千万年前，地球上出现了第一批真正意义上的树木。

**雅：那时候已经有了蕨类植物吗？**

**让：**是的，它们在库克逊蕨出现之后又过了很久，在泥盆纪时期才出现，大约距今有3亿6千万年的时间。但是蕨类植物在很多方面与奇特的低矮导管植物相同。它们制造导管，脱离了土壤；它们长出了芽孢，芽孢从空中掉到土中，形成原叶体。它们的精子四处游动与卵子结合。它们并没有离开水进行繁殖……蕨类植物的进化和动物仍在同一个阶段！

**雅：今天还像这样运作的植物应该不多了吧！**

**让：**很少了。这些植物是过去的重要见证。

**雅：那么，接下来就是木本植物了……**

**让：**是的，当时占据统治地位的是三大植物分支。忘记那些已经完全消失的植物物种吧。正是这三大分支才繁衍出了现在的植物。所以，首先有蕨类植物，它繁衍出了至今还存在的木本植物——树蕨，这些由维管束组成的热带植物可高达15米。第二大类是木贼类植物，比如叫作“鼠尾草”“猫尾草”或者“马尾草”的植物……

**雅：**是的，是长在湿地的杂草。

**让：**是杂草，不过是一种叫作芦木的古生代大型树木的迷你版，就像一株30米高的鼠尾草。我们很难想象它曾经的样子！当时的气候炎热潮湿，地球上的植物几乎都是一样的外观。那一片片面积巨大的原始森林在石炭纪达到了生长的顶峰，它们的遗迹就是煤炭……我们应该像对待恐龙一样，对原始森林进行复原……

**雅：**那一定会非常迷人。

**让：**那是当然。还有第三类：长得很像棕榈树的石松类植物。为了更好地想象出这一景色，不得不提到美国纽约州吉尔伯亚的一片化石森林。1869年，一场洪水冲击了该地的河岸，导致化石显露了出来。这些化石的历史可以上溯到3亿5千万年以前，也就是石炭纪之前。这是人们通过化石了解到的最古老的森林之一。这片森林蔓延几百公顷，位于一处地势低矮的沼泽地海岸边，上面溪流纵横交错。

**雅：恐龙还没出现吧？**

**让：**当然还没出现！当时离恐龙出现还有几亿年的时间……在吉尔伯亚发现的动物体积很小，主要是一些有毒的多足类动物、小型的蜘蛛和蜱螨……这些虫子和那里的树木一样都消失了。消失的是这一整个生态系统。树上没有鸟儿，因为那时还没有鸟。森林里也没有采蜜的昆虫，因为还没有花……所以，那时是听不到现代人熟悉的嗡嗡声和各种鸣叫声的，只能听到风在树林里发出的沙沙声。地球曾经是一个寂静的星球。不久之后，在石炭纪时期，将会出现翼展 70 厘米长的巨大蜻蜓和身长 15 厘米的蟑螂。

**雅：当时，地球上除了昆虫就没有其他动物了吗？**

**让：**不是的。在石炭纪初期，地球上就出现了长有足部和肺的第一批两栖动物，这也是我们人类最早的祖先。但是，它们存活的时间并没有比第一批昆虫更长。

**雅：**有些木本植物成功存活了几千年吧？

**让：**只有一些蕨类植物做到了。其他植物则以草本植物的形式出现在了我们面前。小小的木贼类植物长在路边，细小的卷柏代替了高高的石松。热带植物温室的主人应该非常熟悉卷柏这种植物，因为它是无法被消灭的入侵者！可以发现，从古生代开始，几乎没有留下任何生物。动物和植物全部都变小或者消失了——体型太大就是进化的一大软肋。

## 第三节

## 伟大创造

高等植物一旦扎根，就尤其会加快进化繁殖，以确保其物种的延续。

## 先有蛋再有鸡

**雅：木本植物除了形体大之外，还有创新吗？**

**让：**木本植物在有性生殖的范围内迈出了一大步。确实，在形态结构上，它们并没有什么创新。不过，它们在孢子周围建了个用于保护的“盒子”，可以使孢子不再掉到地上。从此，孢子便可在树上萌发。生殖器官在空中形成。雌性生殖细胞就藏在被我们称为“胚珠”的盒子里，并在那里结合。精子细胞则在另一个器官上成形：在小的原叶体上产生雄性生殖细胞，我们称之为“花粉”。可惜的是，进行了这一创造性发明的植物又一次死光了……

**雅：您是想说这些植物现在都不存在了吗？**

**让：**种子蕨植物已经灭绝了。1900 年，一位名叫奥利弗的植物学家在发现种子蕨植物化石时，所有人都在嘲笑他。对于当时的植物学家来说，种子蕨植物就是一种不可能存在的东西，就像一只长牙的母鸡、一朵没有花瓣的玫瑰一样荒谬……但事实上，人们之后也发现了其他蕨类植物化石，它们虽然没有真正意义上的种子,却有胚珠。也就是说,就像我刚刚解释的那样:雌性生殖器官被包裹在一个“盒子”里面,并且位于植物上。

**雅:您刚才还讲到了花粉。所以,花粉在花朵出现之前就已经存在了吗?**

**让:**还要早!简单来说,我们是从花朵出现后才使用“花粉”这个单词的,在这之前我们使用的是“雄性孢子”,其实指的就是一个东西!所有这些都出现在木本植物中。但是,为了让雌雄细胞结合,就需要风把含有游动精子细胞的花粉带走。精子细胞随风任意飞翔,有时会落到胚珠上!通过接触,胚珠会变软,然后胶化。总之,胚珠会被部分液化,这样精子细胞就可以在胚珠中游动,与卵细胞结合了。虽然花粉可以随风四处飘散,但仍保留了在液体中游动的特性。然而生物也逐步远离大海了……

## 产生受精卵的树

**雅：**生物也离开了土壤！现在还存在以这种方式繁殖的例子吗？

**让：**有两种植物：一种是铁树，假棕榈科植物，枝叶坚硬，看似人造植物，法国蓝色海岸一带到处都能见到；另一种是银杏树，著名的“摇钱树”，它的花粉在空中飞舞，然后落到和李子一般大的胚珠上，胚珠胶化变软，精子细胞与卵细胞结合受精，然后产生受精卵，受精卵分裂产生新的银杏……有时也可能是胚珠落到土壤中，遇到花粉后依然能受精。这可能就是生物在石炭纪采用的方式。我们还得注意，在这个时代晚期，大约是2亿8千万年前，出现了一批适合在非沼泽地生长的树木，它们拥有发达的根系。瓦契杉就是一个例子，它能够在干燥的土壤中生长，并不断进化。

**雅：**石炭纪也是一个进化活动十分活跃的时期。这个时期，植物和动物都创造出了受精卵！

**让：**是的，都发生在同一个时期。

**雅**：这真是太神奇了，进化过程竟是如此一致！植物和动物是怎么在同一个时期或者说几乎同时产生了同样的东西呢？

**让**：生物一旦离开大海，就必须创造一个可以替代大海的含水环境。

**雅**：但不是一蹴而就……那么，为什么是同时呢？海洋潮退导致动植物一起离开了大海。是什么现象正好促使植物界和动物界形成了受精卵——这种环境适应行为的出现呢？

**让**：我们可以设想一下，历史上曾经出现过一个潮湿与干燥气候交替往复的时期。如果干旱期持续很久，生物向陆生方向的进化过程就会加快。从这个观点来看，创造出受精卵是非常了不起的：即便外部气候干燥，内部依然是湿润的。

**雅**：这样，生物的繁衍就得到了保证。

**让**：是的，从此，生物离开大海也可以繁衍。

**雅：**所以，植物和动物可能同时采用了同样的方法来度过大旱灾继续存活？

**让：**很可能是这样的。但是，当动物界还在爬行动物时期刚刚启程时，植物界将迎来巨大的变化，虽然植物才经历了一个非常重要的形态进化期。

**雅：**哪个时期？

**让：**请假设一下您正在热带地区度假，坐在沙滩上的椰子树树荫下，能看到脚边有一束束的小树根。如果把椰子树砍倒，您就能看到构成椰子树的维管束结构。不过，这种最新的结构是和古蕨属一起在3亿7千万年前出现的，古蕨属这种现代树早于银杏树和针叶树。这种新的结构就是树干内的同心圆，可以看到导管的变化。每年，导管会形成越来越大的一圈年轮。锯开一棵橡树便可以清楚地看到年轮。而年轮，除了棕榈科植物和蕨类植物之外，是现存的所有木本植物的组织结构。

**雅**：这种结构的变化有什么优势？

**让**：可使细胞功能更加专门化。细胞各司其职，可以带来更大效能，生物类型将更加多样化。

**雅**：另一个巨大的进步是什么？

**让**：针叶植物的出现。针叶植物的出现带来了一次革新：因为精子细胞不再需要游动，所以鞭毛消失了。随风带到胚珠上的花粉萌发，长出花粉管，顺着花粉管，精子细胞滑落到卵子上。从这一刻起，植物便永远地脱离了大海的约束。

**雅**：是什么让植物摆脱了水生的天性呢？

**让**：干旱。此时已经来到了二叠纪，这是地球突然急剧降温的一个时期。在这一时期，生态系统的运行都在冰下进行。这是地球发展史上的生物大灭绝时期之一。所有适应了炎热潮湿气候和沼泽环境的生物，如石炭纪时期的木贼类植物、石松类植物和巨型蕨类植物此时都灭绝了。

**雅**：实际上，那些对先前环境适应最好的植物都灭绝了。

**让**：确实，过度适应环境反而可能会变成一个弱点。只有能适应环境变化的物种才具有真正的优势。在二叠纪时期，荒漠的面积增加了。尤其是当时由北美大陆、格陵兰岛、欧洲和北亚地区所构成的北大西洋大陆上的植被数量急剧下降，地球又回到了植物占领陆地前的景象。

## 储备胚胎

**雅**：如此大的灾难难道没有催生出一些可观的进化吗？

**让**：当然有啦！这便是针叶植物的第二次革新。这个阶段即将结束，而动物在这时仍未成为自己的主宰，还要等待一个有利的时机。换句话说，种子……为了解释得更明白，让我们说回银杏树。您应该还记得银杏的受精卵掉到地上，然后新长出了一棵树的事吧。可是，您没法去苗圃要银杏的种子，因为根本就不存在！那么，之后出现的种子又是什么呢？嗯，其实是一个受精的胚珠，一个受精卵。在受精卵内，胚停止生长，处于延缓生命的状态。设想一下，一位发现自己怀孕的女性，决定在前两个月过去后暂停胚胎生长，将生产期推迟到自己更有空闲的几年之后……

**雅：有点儿像现在的冷冻胚胎技术。**

**让：**确实是！的确就是这种技术！植物发明了类似冷冻胚胎的东西。不同的是，它们用的是干化技术，而不是冷却。种子是植物中最不湿润的部分，相比含水量为 80% 的其他部分，种子中仅含 10% 的水分。这就是针叶植物的巨大发明。内部变干燥的胚珠后来变成了种子，小小的胚便可以在里面安心地度过冬天，静静等待春天的到来。

**雅：有时它们甚至得耐心地等待好几年……**

**让：**这粒小小的种子有各种各样的表现。有些植物能"冷冻"胚珠长达多年，还有一些只能维持一小段时间。我们从这点上也可以看出生命的逻辑，这反映出生物适应环境的灵活性。在热带全年湿热的气候条件下，完全没有任何理由让种子耐心等待时机，因为各种条件都相当有利于它的生长。在这种情况下，植物无须等待，因为种子很快就会失去繁殖能力，椰子树就是这种情况。相反，在那些经历寒冷时节的地区，由于土地结冰，植物不能生长，种子就等待大地重回湿热。但也有一些特殊情况，有些种子即使在漫长的时间中仍旧保存着生命力。曾经有人在寒冷的沼泽中发现莲花种子在经过一千年的等待之后又发芽了！在日本，在能轻易准确测定的地质层中发现的木兰种子在两千年后萌芽了。休眠时间最长的纪录应该属于近期发现并经过碳 -14 测年法测定的绿豆种子。沉睡了万年的种子现在发芽了。这就表示新石器时代发明农业的人类已经能够看到绿豆种子开出的花朵了……动物界完全不具备这样的能力，因为动物不能产生种子。动物胚胎只能不停地生长，假如当时不是出生的最佳时间就倒霉了，只有一死。对于动物来说，唯一的办法就是找到一个避难所，一个安全的地方来等待孩子的降生。

**雅：一种生物控制时间，另一种生物则控制空间。**

**让：**是的，植物不能自己移动到适合的环境中，但是可以等待环境变化。动物可改变所在地的环境，而植物则等待所在地变化。

## 死亡和永生

**雅：的确，似乎植物常常和我们生活在不同的时空。除了长寿的乌龟之外，动物的寿命不可能比存在了好几个世纪的树木的寿命长。我们该怎么解释这种不同的生命周期呢？**

**让：**植物具有一种与人类不同的连接生死的方式。人类的细胞死亡、被淘汰、被替换……但只会到达一定程度！当代谢功能不再起作用时，那么器官将衰退，整个有机体将死亡。而在植物界，细胞新陈代谢的方式则不同。这一点在我们观察树木年轮的时候就能够明显发现：植物的某些部分都完全坏死了，比如树心可能空了，被真菌给吃掉了。树变成了空心，剩下来的部分却可以继续存活。当我们接触到那些打破寿命记录的植物，比如在观察已经活了近 5000 年的加利福尼亚长寿松时，我们就发现这些非常古老的植物实际上体内大部分地方的细胞已经死亡。这些植物拥有让自己体内部分组织先死亡的能力。

**雅**：所以我们怎么知道冬天这棵树是死了，还是只是落叶了呢？

**让**：植物的生死游戏对于我们来说真的很奇特。植物的顶峰时期是多年生植物在土壤中发展出根茎时，比如铃兰花，它几乎是永生的。春天，铃兰花长出叶片状的茎，也可以把它的花朵摘掉，因为它不需要繁殖！它继续在土壤里生长……它有一种永生的力量，这是一种动物绝对无法与之相比较的力量。这些植物有着惊人的再生能力：草被铲除了，但是接着又会长出新草。新草和被铲除的草是同一种植物，并没有发生变异。不过，禾本科植物是靠叶基生长变高的。因此，只铲除上半部分的草，它的根部还会继续生长。植物有再生、复活的系统，比如干旱时期脱水的苔藓植物在第一场雨中便会复苏……

**雅**：有些动物也能够减缓新陈代谢速度进入冬眠。

**让**：是的，我们在这种情况下也发现动物拥有与植物一样的休眠机制，但这没能发展下去。

**雅：因为植物没有动物那么复杂的结构？**

**让：**因为植物各部分间的联系没有那么紧密。植物体内的任务分工以及由此产生的细胞合作，都没有那么复杂。再强调一遍，动物需要所有部分协同运作，植物则不然。由此产生了截然不同的结果。就拿一棵患有癌症的树来说，它有一个巨大的树瘤，但不会因此而死去。因为，植物体内各部分并不像动物那样关联密切，所以癌症不会转移到其他地方。对植物而言，癌症只是局部范围内的病变，可以被隔离开。但我们还不知道如何实现这一点。我们既不能变成树木，也不能去除正在变坏的器官。越是简单粗糙的植物就越是强壮。

**雅：那么植物和我们人类面临着一样的难题吗？**

**让：**是的。它们和我们面临同样的问题，解决的方法却不一样。人类机体结构的复杂性赋予了人类一个会思考的大脑，人类利用大脑去思考并解决在很多领域不能适应的问题。最初，人类极其依赖植物！没有植物，我们无法存活。不管我们吃的是蔬菜还是肉，都源于植物。

**雅：**我们的呼吸也依赖植物。

**让：**是的……有人说植物不能移动，依赖于脚下的土壤生存，因此植物看起来就更加脆弱。其实这种说法是不正确的。就算这种说法对个体是成立的，但对于那些通过孢子和种子而具有了超强传播能力的物种来说就是不正确的。种子既能跨越时间，也能跨越空间。

**雅：**确实是这样，但植物并不能自己选择移动路线。

**让：**是的，它们不像我们人类那样可以自由活动。它们只能去到那些由风或动物带它们去的地方……

## 针叶植物的王国

**雅：必须承认，这种情况有时候也会发生在我们身上。那么，重新说回具有变革意义的针叶植物吧。它们是什么时候出现的呢？**

**让：**在石炭纪末期，大约是 2 亿 8 千万年前。随着种子的出现,各种针叶植物占领了整个地球,并发展出大片大片针叶林。不过如今，针叶植物的功绩也就只剩这个了。因为其他针叶植物在那个时期全都灭绝了，应该说几乎没剩下多少。当时剩下的针叶植物的数量只有 600 种，仅占植物物种总量的 1/500e[①]，几乎为零。正如我们一直看到的那样，我们总觉得针叶植物种类繁多，但其实是因为种植面积广导致个体数量多。针叶植物形成的泰加森林占据着西伯利亚北部、欧洲北部以及加拿大北部的大片土地。

**雅：在高海拔地区也能发现它们。**

① 符号 e，是自然常数，为一个无限循环小数，其值约为 2.71828。——译者注

**让**：是的，高海拔和高纬度地区都有。它们比阔叶植物更能抵御寒冷且恶劣的气候。

**雅**：这种说法不太符合逻辑。树叶掉落后，落叶树“冬眠”了，它们照理说要比那些常青植物更能抗寒。

**让**：要理解这个问题，我们得重新讲回水。水通过植物的导管被运送到植物顶端。99% 的水分都蒸发了，仅有 1% 的水被植物用来制作糖分。水的损耗是惊人的。树木就像倒放的喷水壶，把大量的水输送到了空气中。这就是大片森林的上空常常有白云飘浮的原因。此外，这也是森林比其他地区雨水更充沛的原因。那么，为什么针叶植物能如此这般有力地抵抗高寒气候呢？因为针叶植物的叶子细长，且覆盖着厚厚的表皮，所以它们体内的水循环速度要比其他树木至少慢百倍。针叶植物有延缓生命的模式，可以说是植物里的乌龟。因此，它们能够进入深度冬眠状态，在土壤结冰时，几乎停止土壤内的所有交换活动。冬天，它们是如死尸般矗立在大地上的生命体。它们不移动，不呼吸，不流汗，不进行光合作用。它们是一群雕塑，一群冷冻的木乃伊。它们就是以这种方式来抵御严寒的。

**雅：但在热带地区也有针叶植物。**

**让：**少得可怜。在赤道附近完全没有。针叶植物在热带地区极少。它们生活在南北半球的温带和寒带地区，还曾经受到过开花植物的排挤。

**雅：针叶植物让人联想到了某些与它们同时代出现的恐龙。这是些披上铠甲的巨型怪物，我们可以想象出它们那笨重呆板的样子。**

**让：**应该承认针叶植物打破了有史以来最慢的纪录。以针叶植物的近亲物种铁树为例，它的精子打破了精子尺寸的纪录，并以极度缓慢的速度游动。精子需要 6 个月的时间才能在胚珠内移动 5 毫米！松树种子的成熟期相当漫长：第一年只能看到一些幼小的紫色球果，里面包裹着未成熟的种子；第二年，在同样的地方，长成了一个绿色松果；第三年，会有一个向外张开的褐色松果，同时种子也在慢慢掉落。加利福尼亚长寿松的生长速度相当缓慢,已经生活了近 5000 年。而巨杉则极其粗壮，它打破了尺寸和重量的纪录。针叶植物的繁殖机制确实笨重缓慢，而在开花植物中根本不会存在这种情况，因为开花植物的所有变化速度都相当快。

## 侏罗纪公园

**雅：**随着二叠纪的结束，古生代也结束了。中生代开始时是什么样子呢?

**让：**最开始是三叠纪。北半球在经历了可怕的极寒干旱之后，仍留下了少量植物，它们曾经覆盖了大部分的土地，如今面积却变得很小。暴雨逐渐侵蚀了原本被树根紧紧抓住的土壤。洪水猛烈，沟壑纵横。在 1 亿 5 千万年前，侏罗纪时期开始了。侏罗纪时期的气候极热极潮。这种气候使得在严寒环境下培育出来的针叶植物，得以在相对轻松的环境中充分生长。因此，这一时期地球上出现了大片针叶林，而且品种比现在的更多。

**雅：**那时候的针叶林比现在的品种更多吗?

**让：**绝对更多！现在法国的森林中只有几个品种：松树、冷杉、云杉和落叶松……侏罗纪时期的森林则有非常多的品种，可能超过 10000 种。针叶树和出现在同一生态体系中的恐龙一样，发展到了鼎盛时期……

**雅：**侏罗纪公园！

**让：**是的。那是在这个时期末期，也就是1亿6千万年前，一些爬行动物变成了鸟，在空中飞翔，同时，地上长出了开花植物。在森林里，绿色不再是唯一的颜色，也不再只有风的声音了。

**雅：**两栖动物发出没有人听到的第一声鸣叫时，那个本应该在石炭纪就结束的无声世界，也因此真的远去了。

**让：**是的，现在我们已经来到了印象中的那片森林。

## 第四节

## 谋略时代

为了达到繁殖的目的,植物一心只想着诱惑。开花植物——植物界最新的重大发明，为了保证传播繁衍，操控了昆虫甚至人类。

## 当不再有异域之分

**雅：在针叶植物之后，地球上出现了星球属植物。开花植物是什么时候出现呢？**

**让：**在白垩纪，也就是大约几亿年前。比恐龙灭绝的时间早很多。恐龙大概是在6千5百万年前突然灭绝的。开花植物在热带地区出现，它以惊人的速度在自然中占据了统治地位，同时也占领了整个地球。这个现象让植物学家震惊不已。但因白垩纪时期气候变暖，各地景观又变得十分一致。所以，从赤道到如今的格陵兰岛都曾有过棕榈树。

**雅：所以，这也是一个气候潮湿的时期，北半球变暖的同时，南半球也出现了酷热……**

**让：**是的，我们发现不管在什么纬度，植物的分布情况相当一致。以伦敦为例，经过深入研究发现，这个地区曾经有一片热带雨林，有点儿像现在的印度马来雨林群。当时的气候与现在的气候差异特别大。有人认为，在第三纪早期，也就是5千万年前，巴黎的平均气温要比现在高出12摄氏度，温差相当大。

**雅**：所以，我们怎么能了解过去的气候呢？

**让**：以查尔斯·莱尔的学说为理论指导。查尔斯·莱尔在1830年发表了被他本人称为“均变说”的规律。这个规律是说，如果找到一块植物化石，而且如今依然有存活的样本，便由此可以推断，过去的每一种植物都经历了与现存的同类植物相同的气候类型。因此，如果我们在某个地区发现了棕榈树化石，也就意味着在化石形成的那个时期——可以根据地质层轻松推断出该地区没有经历过冰川期！

**雅**：因此，在5千万年前，地球是热带物种的天堂……

**让**：那个时期，地球上有木兰树和大量的银杏树！还有南洋杉、巨杉、落羽杉……但是在第三纪，气候再次变冷。我们在这一时期巴黎的地质沉积物中再也没有找到棕榈树的化石。此时的气候，不再类似赤道地区，更像加那利群岛北部或美国的路易斯安那州。

**雅：我们如今认为是异域物种的那些植物，事实上过去可能就是生活在我们的土地上的？**

**让：**对于大多数物种来说，确实如此。以罗纳河谷地区为例，在大冰期之前，那里曾经异常炎热，在那里发现了一百万年前的棕榈树。月桂树曾经非常多，就像现在加那利群岛北部的大片月桂林，虽然人们并不会前往观赏，因为他们只关心南部阳光照耀的沙滩！在马赛和里昂之间的土地上曾经长有银杏、巨杉、木兰、鹅掌楸、肉桂树、鳄梨树……但是现在，所有这些植物都变成了躺在罗纳河谷中的化石。

## 雌性细胞和种子

**雅：**尽管植被稠密，一个迷人的世界还是在热带的闷热中诞生了……是什么新的变化让开花植物如此快速地繁衍扩张呢？

**让：**花朵本身不是最重要的。开花植物最大的变化是给胚珠增加了一层新的保护，我们称之为子房。子房内有许多胚珠，每个胚珠就像一个装着原叶体的小盒子，原叶体是雌性生殖细胞的载体。就像套娃……受精之后，胚珠发育成种子，子房变成果实。

**雅：**这也是后来哺乳动物要经历的变化。

**让：**事实上，这是它们必须经历的变化。它们也朝着保护雌性细胞的方向发展。

**雅：这是植物的首创吗？**

**让：**是的，是植物先产生了这种内部保护组织。这里牵扯到一个生命定律：为雌性细胞不停寻找更有效的保护。从只有一层细胞保护壁的苔藓植物开始，到发展出有四层保护壁的开花植物，雌性细胞得到了很好的保护。

**雅：在气候环境如此“适宜”时，生物执着于发展保护组织不会显得有点儿多余吗？**

**让：**非也。不要忘了植物之间一直存在着竞争。另外，产生第一批被子植物的有利气候条件也将发生变化。实际上，始于两百万年前的第四纪冰期突然就改变了热带景象。

**雅：我猜想地球的景象又一次改变了……**

**让：**当然了。冰期促使所有的生态系统向赤道发展。在最后一个冰川上升下落现象交替出现的一百万年里，这个始于第三纪的移动在第四纪中不断扩大。这一变化使得热带植被变得更低矮。在冰川活动最强烈的时候，能看到这样一番景象：伦敦位于冰川的边界线上；一小部分在海里的巴黎长着苔原，也就是说，当时的巴黎没有树木，主要是地衣植物和苔藓植物；孚日山脉和阿尔卑斯山脉当时也全部被冰川所覆盖。这一时期的景象和产生了第一批针叶植物的二叠纪时期非常相似。

**雅：**也就是说，几千年的时间里，美国的路易斯安那州变成了阿拉斯加州。

**让：**这个描述非常准确。

## 秋天的产生

**雅：这真是一次对于所有生物来说难以忍受的变化。最早的人类此时已经出现了吗？**

**让：**是的，他们必须得去适应极寒时期的气候。树木也得找到活下去的方法。在结冰期，在冻土里，在叶子的蒸腾作用下，植物失去体内的水分，由于无法重新产生水分最终死亡。为了抵御这种气候，它们创造出在一年中最寒冷时期让树叶大量掉落的方法。

**雅：就是从那个时期起，树木开始落叶了吗？**

**让：**正是在那个时期，出现了树叶同时掉落的规律。就像寒冷为树木做了一场大扫除。热带森林里，旧树叶掉落的同时，又有新的树叶长出来。

**雅：**树木由此创造了秋天，时间不早于两万年前。

**让：**也许秋天的出现可以追溯到更久远的过去，但那个时候，我们几乎可以目睹这种景象产生。也就是说，大家必须要了解，相较于热带树木，温带或寒带的落叶树木在品种数量方面要少很多。在法国的一片森林里，一平方千米的土地上只有几个树木品种，而在热带地区，一平方千米就超过了 100 种。在法国，只有每年 11 月落叶的树才能熬过冬天。一部分地中海型的植物也顽强地活了下来。这些植物的叶子十分坚硬，且表面覆盖着厚厚的保护层，因此体内水分很少被蒸发到空气中。它们已经学会了忍受干旱，也成功抵御了严寒。草本植物也生长得很好，虽然草在冬天会枯萎，但是种子已埋在了土里，等着冬天过去，再次萌芽生长。所以，草有着一张树木没有的“王牌”，这也是高纬度地区比热带地区有更多草的原因。而在西伯利亚北部、阿拉斯加或挪威北角的冻土地带没有一棵树！

**雅：草本植物耐寒，木本植物耐热……**

**让：**是的。从树到草，生物进化呈现出某种程度的倒退。比如芍药属植物，木本芍药更适合在热带地区生长，草本芍药在寒冷气候中更能自如生长。

**雅：正是在这样艰难的环境中花朵绽放了。**

**让：**嗯，最先是从热带地区开始的。热带地区的主要贡献是孕育了子房，子房为种子营造了额外的保护层，当种子成熟之后，子房便会发育成果实。所以种子在果实内。是花粉触发激素机制，完成受精，使果实成熟。

## 植物与昆虫联盟

**雅：**开花植物的出现对于动物界来说也是一件大事。

**让：**当然。开花植物极大地推动了昆虫的进化。通过昆虫，开花植物间产生了联系。蕨类植物与昆虫的接触微乎其微，因为蕨类植物对于昆虫来说是有毒植物，对于哺乳动物也一样。由于动物不喜欢它们，所以它们的生存竞争更加激烈。这也可能是蕨类植物能够一直存活到现在的原因。种子植物的巨大创新就是与动物建立了新的联系。开花植物把动物变成了它们的受精媒介。从此以后，开花植物通过鸟，尤其是昆虫来进行传粉活动。

**雅：**这是为了弥补它们天生的缺陷——不可移动吧？

**让：**毫无疑问，因为花粉必须得移动，得借助风。这种方式需要耗费大量孢子，但是植物对此毫不在乎。它们就像人类产生精子一样大量生成孢子。大自然对雄性生殖细胞实在慷慨，从不节省。因此，风媒传播直到开花植物出现以前都是不变的法则。

**雅：为什么动物突然开始将花粉从一株植物带到另一株植物上呢？动物是怎样传递花粉的？**

**让：**动物原本无意传递花粉，而是想吃掉花粉。花粉特殊的味道吸引了动物。那些不太灵活但贪吃的甲虫非常喜欢这个味道。从出现在开花植物之前的某些苏铁科植物身上就能得到证实：甲虫在狼吞虎咽地吃掉它们的花粉后，带着满身花粉飞到另一棵植物上，之后植物便进行受精，受精是动物捕食的结果。由于动物正好是在花粉中捕食，花粉正好需要通过媒介传递，所以受精现象就正好发生了。我们不能说开花植物是地球上最早通过昆虫受精的植物，但在开花植物中，这种花粉传递过程变成了最常见的运作方式。

**雅：开花植物也通过一些媒介传递了种子……**

**让：**完全正确。植物的果实是种子散播的手段。肉质的果实是很多动物的食物，尤其是鸟类。动物通过消化道排出种子，不过可能已经离它们之前吃果实的地方很远了。针叶植物的种子落在了最糟糕的地方——树下。因此，开花植物的播种方式更有效。

**雅：开花植物全都放弃了用风传播的方式吗？**

**让：**不是的。在温带地区，20% 的开花植物依旧利用风传播花粉。如森林中的橡树、山毛榉、杨树以及禾本科植物。实际上，这些植物的花朵几乎无法用肉眼看到。既然它们不借助昆虫传播花粉，也就不需要十分显眼。对大多数植物来说，风依然是传播种子的一种好方式。

**雅：枫叶盘旋掉落，椴木叶坠落……**

**让：**是的，还有随风飘散的蒲公英……以及一些果实干裂之后，种子从荚中蹦出，可以弹出好几米远！开花植物采用的所有策略都是为了实现包括授粉在内的繁殖。

## 禁止自花受精

**雅**：我们聊过子房、种子、果实……那么花的功能是什么呢？

**让**：花朵是一种新的保护装置。当花朵含苞未放时，外部被绿色的萼片包裹，之后张开的花冠吸引昆虫。花心内是产生花粉的雄蕊，雌蕊位于花心中央，雌蕊内有雌性细胞。由于雄蕊和雌蕊相距不远，所以大家可能认为雌雄细胞的结合不需要昆虫了。但是雌蕊和雄蕊没有碰撞到一起，因为它们还不够柔软。一般情况下，风也不能成功让雌雄花蕊相互接触。

**雅**：植物的雄蕊和雌蕊无法自行接触有什么好处吗？

**让**：避免自交。所以花朵负责吸引昆虫。昆虫停在花朵上，采集特意为它产生的花蜜。在同一时间，昆虫身上沾满花粉。然后昆虫便将花粉撒在所有停留过的花朵雌蕊上。

**雅**：要让受精成功，接受花粉的花应该是同品种的另一朵花，不是吗？

**让**：当然得是同品种的花朵。世界上约有27万种开花植物，每种开花植物的花粉都不同。就像指纹可以识别个人身份一样，通过花粉能准确地辨认出植物品种。因为花朵本身太过脆弱而并未留下很多痕迹，所以古植物学家在花粉研究上下了很多功夫。至于叶子，都长得很像，所以没有太大的研究意义。

**雅**：在一片纯绿的世界中突然出现了多彩开花植物，是怎样在如此短的时间内做到形态各异的呢？

**让**：确实令人震惊。27万个品种创造出了千姿百态……

**雅**：……的吸引方式！之前，一切都是为了繁殖。出现花朵之后，发生了神奇的转变：花朵千方百计地引诱昆虫，对人类也产生了影响。我们就像昆虫一样对花朵的形态、颜色、香味十分敏感，以至于我们还用花香味的香水增加魅力。其他动物也被花朵吸引了吗？

**让**：我不知道。但是花朵的诱惑力确实惊人。生长于巴西的兰科植物龙须兰长有娇艳的花朵，花朵能散发出一种薄荷气味。有些雄性昆虫寻香而来，并把花香散播到一小块地上。雌性动物闻香来到在这片充满香味的地方，与雄性动物相遇、交配。在这种情况下，甚至不需要花朵，香味就是引诱的手段。

**雅**：就像我们喷香水在身上一样。

**让**：确实。还有一种东方果蝇，会沾染苹果树的香气，并且在与雌性果蝇交配之前让它也具有这种气味……这些昆虫利用花朵的香气吸引异性，但花朵的做法相反。像兰花常常会伪装成雌性昆虫，吸引全身裹满花粉、企图进行交配的雄性昆虫。

**雅：**有动物天生自带香气吗？我指的是宜人的味道。

**让：**没有。从化学角度来看，动物什么也没参与。只有植物才参与过深入的化学活动。

**雅：**再说，人们利用动物分子制造出的药品并不多。

**让：**是的。动物不需要让自己受累，因为动物以植物为食。动物在植物界找到了所有已经准备好的所需分子。动物体内各种激素可以调节机体内分子的交换。而植物则会产生各种化学物质：激素、吸引传粉媒介或避开捕食者的物质。总之，香氛化学就是一种植物化学。

**雅：**香气、形态和颜色，花朵的所有部分都是为了诱惑。再说，我们几乎不会送人松树树枝或蕨类……

**让：**这个问题曾引起了奥莱松神父的关注，他同时也是精神分析师。他非常惊讶，人们会把植物的性器官作为礼物送人，但没有人会在赴晚宴时送人狗鞭！

**雅：**开花植物1亿年前便表现出了诱惑力。它们领先一步……

**让：**但是这种现象在花朵出现之前便存在了！比如衣藻，虽然是普通的单细胞纤毛虫类，但它不与任何伙伴交换染色体。两个衣藻相遇，会相互触碰纤毛，一段时间之后，如果双方都觉得满意，它们便会结合到一起，否则会各自回到自己那一边。在完成交配之后，它们便停止产生发挥吸引作用的化学物质。因此，早在10亿年前，在两个衣藻之间便已经玩起了诱惑游戏。实际上，诱惑与事关选择的雌雄性特征是同时出现的。引诱的想法随着交配的结束瞬间停止的现象也延续至今：一旦受精成功，花朵便会凋谢。

## 致命的花朵

**雅：**交配后，植物感伤[1]……但是花依然充满神秘色彩。一般来说，我们几乎不会为藻类或癞蛤蟆发情而动容。而花朵普遍具有诱惑力的事却让人吃惊不已。

**让：**是的。花朵这种精美无比、能力强大、植物独有的产物，具有最广泛的诱惑力。有些花控制昆虫的方式绝对与众不同，有时就像真正的吸血鬼，甚至会致命……

**雅：**那食肉植物呢？

**让：**也是……这些植物只用叶子，从来不用花食虫。但是，世上还有一些恶毒的花！比如，仿兰花植物会对昆虫耍一些小诡计，将其中一片花瓣模拟成雌性昆虫。雄性昆虫便被吸引过来，然后进行交配，当然没有成功，因为这个花瓣没有雌性器官。但是雄性昆虫已经完全兴奋，依然射出精液，然后带着满头的花粉离开了。

① 改写自1997年上映的电影《做爱后，动物感伤》的片名。——译者注

**雅：**它这样做并没有什么不好呀，毕竟，昆虫也乐在其中。倒是它的雌性同类应该不希望有这样的竞争吧。

**让：**的确，还有更糟糕的事。萝藦科植物花朵的引诱策略相当残忍，它们用花做诱饵，用可怕的钳子夹住昆虫。疆南星属植物也一样：它们的花朵或是绿色的，或是白色的（常用于制作捧花），或是红色的，但不是常见的花形，而是喇叭或漏斗的形状。花朵下有一根管子，底部连接着满是细小花朵的花粉室。苍蝇顺着管子下来，一旦把花粉带来后，便会被卡在里面，慢慢死去。所以说，对于帮助过植物的昆虫来说，这些植物的确很坏。值得注意的是，它们通过臭味吸引苍蝇。很简单，因为苍蝇喜欢腐肉味。更有甚者，某些花朵的颜色是像腐肉一样的酒红色，表面也长着毛，就像尸体。这一切都对苍蝇产生了巨大的吸引力。

**雅：**所以，我们并不都喜欢开花植物制造出的所有香味。

**让：**老实说，有些香味甚至让人厌恶！比如，腐蝇芋属植物，一种生长在意大利撒丁岛南部的植物，散发着一股难闻的腐肉味。被吸引来的昆虫粘上花粉，飞进喇叭形的花粉室为花授粉，结果被关在里面整整三天。后来，花粉室打开了，裹着花粉、迷迷糊糊的昆虫在空气中慢慢清醒。然后，它们便飞离这朵花，把花粉带到另一朵花上，接着又落到另一个花粉室。这次它们却因为同样的错误精疲力竭，窒息而死。昆虫和人类一样，爱重复愚蠢的错误……

## 蔷薇的保护

**雅：**因此，27 万种开花植物用很短的时间便展现出了令人惊讶的创造力。但是这种进化为什么又停止了呢？

**让：**也许进化并未停止。这只是一种时间上的不对等。人类的寿命大约是 80 年，而植物的进化却要经历数百万年的时间。人类的生命太过短暂，无法发现什么。而且我们近距离系统地研究植物界也才约 300 年的时间。不过，有些科学家已经提出了下面这个问题："既然开花植物已经在雌性生殖细胞上加了一个保护层，构成了子房，那么它们是否曾经还创造过另一个保护组织呢？"

**雅：**答案是……

**让：**是的，有些花为了保护子房会向内卷，比如蔷薇。蔷薇凋谢后可以清楚地看到子房被包裹在蒴果内。野蔷薇的蒴果会变成红色，也就是犬蔷薇花的果实。由此，一种新的保护屏障又出现了，能更好地保护花的雌性器官。但也只保护了雌性器官，因为蔷薇的雄蕊不在保护范围内。所以我们继续寻找，看是否存在一种植物、一种花，在它们身上产生的新保护屏障能同时保护雌蕊和雄蕊，也就是雌性器官和雄性器官。

## 无花果树的神秘果实

**雅：**结果呢？

**让：**我们发现了无花果树。这种可食用且被叫作“无花果”的东西，并不是果实。而是一个承载着大量小花以及雌蕊和雄蕊等物质的花托。这些小花结出迷你的果实，果核在我们咀嚼时咯嘣作响……

**雅：**但如果这些花像这样封闭着，那昆虫怎样才能传粉呢？

**让：**有一条秘密通道，一扇暗门。在花梗下面有个肉眼几乎看不到的小洞，通过这个小洞，昆虫可以滑进子房。

**雅：**什么样的昆虫能从如此狭窄的洞孔进入？

**让：**一些非常特殊的昆虫——小蜂科昆虫，它们在无花果内产卵。小蜂幼体在无花果内长大，然后从一朵小花爬向另一朵小花，在这个过程中，它们也变成了授粉使者。慢慢地，它们离开了无花果……无花果树的这种革新还将继续，甚至还会继续发展 5 千万年……然后，一种新的保护组织将会出现并被自然界所接纳。

**雅：**若过度保护自身生殖器官，植物不会变得越来越难授粉吗？这样最终会产生反效果。

**让：**可能会。但是没有人能描绘出一千万年后的情景呀！更何况到那时，人类也许把植物界搞得一片混乱，什么也没剩下了。

**雅：在植物的发展史中，它们似乎为了生存，曾经把希望完全寄托在繁殖上，希望以此来拯救植物物种。不过，它们似乎没有形成真正有效的个体防御方法。所以，它们是如何度过那个被昆虫和其他动物吞食、因气候变化而大面积死亡的数百万年的呢？**

**让：**它们也曾进行了防御，比如植物身上的刺。不过最好的防御方法还是利用它们最擅长的化学。许多植物都是有毒的，或至少是不可食用的。

**雅：但好像没有什么植物能阻止蝗虫入侵……**

**让：**也阻止不了毛虫。不过，即便是人类不采取干预措施，这种现象也会停止，而且我们会发现数以亿计的毛虫尸体。就像阿拉斯加的白色野兔的数量每 10 年会迅速增加一次。然后，90% 的杨树和桤树芽会被兔子给吃掉。之后，杨树和桤树便长出了野兔就算挨饿也不敢碰的新芽……

**雅**：那么该怎样解释这些现象呢？

**让**：美国新罕布什尔州达特茅斯学院的 I. T. 鲍德温和 J. C. 舒尔茨在 20 世纪 80 年代初发现，杨树、枫树或者橡树的部分组织被毁坏后，树木剩余部分将长出不可食用的浓缩物质，尤其是单宁，以此对食草动物展开反击。一句话：如果某种植物被过度消耗，它就变得难以消化。

**雅**：诚然这种现象令人震惊，但不能说明这些昆虫或动物就放弃了吃那些还没有被触碰的植物。

**让**：这也是研究人员当时思考的问题。他们在分析未受伤的相邻树叶时，惊奇地发现树叶里的单宁浓度也增加了同样的比例。唯一合理的解释就是，受伤的树木给其他树木发出了警告信号。

## 非洲羚羊的神秘死亡

**雅**：如何发出的呢？

**让**：在科学界中，经常当我们开始提出一个问题时，就会发现其他人也在研究同样的问题。在同一时期，来自南非比勒陀利亚大学的范·霍文教授试图弄明白为什么非洲羚羊（一种以刺槐叶为食的羚羊）会饿死在它们拒吃的树旁。害怕被抓的生存压力并不是一个令人满意的解释。因为这块被圈住的地面积还是足够大的。通过对死去的动物进行尸体解剖，范·霍文教授发现在它们的胃里有大量因单宁含量过高而未消化的树叶。

**雅**：这是一个证明，但是能解释这个现象吗？

**让**：研究继续进行，研究人员进行了一个实验。有人带着一组大学生，用木棍敲打刺槐的低枝，撕碎树叶。再每隔 15 分钟对这些树叶进行一次化验分析，发现单宁数量有规律地上升。正好，在树叶经过两个小时的打压等粗暴对待方式后，单宁含量变成了原始含量的 2.5 倍。在遭受攻击 100 小时后，树叶的单宁比率又回归了正常。于是，研究人员又在不攻击某些树木的情况下，重复进行了这个实验。在受攻击的树周围 3 米半径内的所有树木，其单宁含量随着受攻击树木的单宁含量一起上升了。所以，树木之间肯定有某种联系……

**雅：**通过哪种媒介联系起来呢?

**让：**首先设想的是树根传递了化学信息，但没有一个实验能够验证这个假设。鲍德温和舒尔茨给出了答案。他们发现，植物之间是通过一种非常普通的气体进行沟通联系的，这种气体只包含两个碳原子，叫乙烯。它是一种真真正正的气体激素。乙烯从其中一棵植物中散发出来,然后影响周边的植物。实际上，我们已经知道，是乙烯促进了果实成熟。比如，正在成熟的苹果会散发出大量乙烯气体，加速了一旁放置的绿色香蕉变黄。

**雅：**因此，乙烯促进了果实成熟和树叶中单宁的产生。那么，我们可以把乙烯看成是信息传递的媒介吗?

**让：**不管怎么说，它确实起到了传递信号的作用。1994 年，有人发现乙烯与甲基的茉莉酮酸结合后，能促使烟草植物幼株中专门抵御害虫的基因开始活动。

**雅：**既然植物是如此棒的化学家，为什么它们不也使用其他气体呢？

**让：**它们也用了其他气体，但是我们才刚开始揭开这种现象背后的秘密。现在已知被毛虫吃过的玉米苗会散发出一种鸡尾酒的气味，而这种气味能吸引毛毛虫的天敌——胡蜂。卷心菜在被著名的欧洲粉蝶啃食时，也采用了同样的策略：卷心菜散发了一种吸引小胡蜂的气体。小胡蜂在粉蝶的幼虫中产卵，于是消灭了部分粉蝶。

## 瓢虫的战术

**雅：**植物总是控制着昆虫……

**让：**是的，但有些昆虫在人类之前就已经知道了植物自卫的方法。所以，墨西哥瓢虫在吃南瓜之前，会小心翼翼地在南瓜叶上切出一个圆圈，并且只留下几个窄窄的附着点，有点儿像邮票的齿孔。然后它便停在圆圈中心慢慢吃食。由于半切开的叶片信息传递能力较弱，所以得花费更长的时间产生毒性。

第二天，瓢虫又开始在另一片叶子上采用同样的伎俩，而这片叶子离之前的叶子有 6 米多远。

**雅：**像非洲羚羊这样的食草动物怎么就没有掌握瓢虫这项本领呢？

**让：**有些食草动物可能已经知道了！观察一下食草动物的行为：它们从来不会在同一片草地或同一根枝条上一直啃食。而且似乎是小口小口吃的。它们一边吃，一边漫不经心地从一处向另一处移动，从来不在开始的地方结束用餐，而是留下了看起来最诱人的草或树叶……可能当它们不断啃吃同一棵树，或者在同一片草地吃太久时，曾经体验过植物的反击，尝到过迅速增加的单宁或蛋白质……

**雅：**所以植物的故事并没有结束，不仅是因为它们还在不断发展，还因为我们对于植物还有更多东西需要去了解。

**让：**毫无疑问，植物的故事远没有结束！野生或家养植物物种的加速消失正变得触目惊心，这也威胁到了人类采取基因技术栽培的植物。如今无人能衡量出这种存在风险的操作会产生什么样的长期的后果。

## 第五节

## 城市和乡村的树木

和植物一样，动物也在创造、进化。然后，人类出现了。虽然人类经常没有充分利用这独一无二的智力，但人类在短时间内使地球发生了翻天覆地的变化。

# 人 祸

**雅**：如果说巨大的灾难是进化的动力，那人类也是推动者之一！

**让**：是的。对动植物来说，人类是最后的大灾难。

**雅**：我们如今正在拯救大量走向灭绝的动物……

**让**：在植物界也是如此！这也是以前被称为“植物园”的地方如今变成“保护基地”的原因。改变称呼，是因为功能发生了变化。

**雅**：很多植物正在消失吗？

**让**：是的，非常不幸。甚至地球上现存的植物都还没来得及全部被记录在册！所以，没有人知道1997年印度尼西亚那场恐怖的火灾中有多少物种灭绝了……

**雅**：不过，这并没有得到大众的关注。似乎人类的不幸比植物的更重要。

**让**：这太正常了。同样，我也会情不自禁地想起美国动物学家麦克·米兰讲过的一句关于类似主题的话："保护大秃鹫及其同类的意义，并不是我们多么需要大秃鹫，而是需要拯救它们所需的人类品格，因为这些品质才是我们拯救自己所需要的。"

**雅**：而且，更直白点儿说，一旦发现了植物的药用价值，它们很快就能为人类所用，比如紫杉的抗癌功效最近便得到了证实。

**让**：紫杉是人类本想消灭的植物！自古代开始，人们就惧怕这种有毒植物，它曾经臭名远扬。

**雅**：是墓地救了它……

**让**：正是！之后，紫杉变成了法国年代最久远的树木，在诺曼底的墓地随处可见……东亚地区的银杏也遭遇了同样的命运。当时主要分布在寺庙周围的银杏树已经寥寥无几。后来，在银杏树内发现了一些能够促进脑循环的物质……

## 亲人的植物

**雅：**有些植物与人类相处十分融洽。有些植物甚至在与人类接触后数量得到迅速增加，比如接骨木……

**让：**这是一种以人类的垃圾为养料的植物。它们有着令人惊讶的环境适应力，喜欢富含氮的地方，比如垃圾场或者牲畜槽堆积粪便的地方。某一天，牛被牵走后，这些植物便尽情生长。法国人称呼它们“生长于废墟的杂草”，来源于拉丁语“rudera”，意即废墟。它们与人类的生活垃圾如影随形。在这块区域，它们有着超强的环境竞争力。

**雅：**它们与老鼠、鸽子和海燕是一类。

**让：**完全正确。

**雅：**所以人类的影响也不都是负面的了？

**让：**是的，我们不能说人类的影响都是负面的。在近一万年，随着新石器时代农业的发明，文艺复兴后农业的加速发展和新大陆被发现，人类彻底改变了生态。植物被运输到远方，是种子借助风和鸟远远到达不了的地方。交通工具的进步，生物流动的加速，引起了一场植物大迁移。这一新因子可与决定整个地球植物分布的气候大变化相提并论……

**雅：**但是，为什么那些被人类带来欧洲且完全适应欧洲气候的异域物种，如今在欧洲却找不到它们的身影了呢？

**让：**在大冰期结束之后，大约是一万两千年前，就像大雁冬日南飞一样躲避在热带地区的植物，在地球变暖的过程中开始逐步向温带地区迁移。在美洲，种子的传播没有任何阻拦：所有山脉——阿巴拉契亚山脉、落基山脉、安第斯山脉——都呈南北走向。相反，在欧洲地中海成了一个不可逾越的屏障。在大冰期时期，由于不能南下，许多物种灭亡了。而在变暖过程中，如今出现在非洲的植物不能北上，导致第四纪时欧洲的植物数量远少于亚洲或美洲。

## 重回故土

**雅：所以，那些因为寒冷而消失的物种又被人类带到了欧洲……**

**让：**一部分。以北美洲为例，从那里引进了如今遍布法国的刺槐树。为了纪念让·罗宾在约 1600 年把刺槐带到巴黎种植，人们便给它取了个新名字：Robinier。现如今，巴黎还保留着最初被带到法国来的两棵古刺槐标本。侧柏是被雅克·卡蒂亚放在行李箱中带入欧洲的。各种植物来到欧洲的时间分别是：爬山虎 1629 年，秃柏 1640 年，鹅掌楸 1688 年，众人皆知的毛核木 1730 年，广玉兰 1737 年……还有枫树以及福禄考属、荚蒾属植物等。

**雅**：还是来自北美洲吗？

**让**：刚刚列举的所有物种都来自美洲，或者说从美洲回来的。不要忘了巨杉，它是在征服西部之后才来到欧洲的。这里还得提及道格拉斯先生在19世纪带来的黄杉属植物。这种植物被当作林木大量种植，俗称道格拉斯杉，或者被直接称为道格拉斯。这样的例子数不胜数，应该列一份从每片大陆引进的植物清单。

**雅**：所以，人类跟风或者鸟的身份一样，是植物扩散的工具。难道我们不会碰到这样一种危险情况：某天我们周围到处长着一模一样的植物？

**让**：会或者不会。为了在一个新的地方立足，植物必须重新拥有原生生态环境所具备的条件。我们可以在植物园中人工再次创造出那些条件，但是如果植物仍不适应环境，那么它将永远无法自然生长。是大自然最后决定了一切！然而，在气候和生存条件相似的地方确实能找到相同的植物。

## 蓝色海岸植物小志

**雅：比如呢？**

**让：**观察蓝色海岸的植物就能非常清楚地看到这种现象。当尤利乌斯·恺撒来到高卢大地时，他发现了一片橡树林和几棵野生油橄榄树……我认为当时连地中海松也并不存在，或者只有几棵长在海岸线尽头的石灰岩上。只有几处的植被相对茂密（但也在新石器时代以后被开垦过），但种类并不丰富。

**雅：这几乎跟我们现在所看到的情景完全相反！**

**让：**是的。只要我们制作一份现存植物清单，您就会发现几乎所有代表该地区的植物实际上都是外来物种。首先是海滨大道或者英国人散步大道上的棕榈树，都来自加纳利群岛、美洲和中东地区。在恺撒大帝时期的普罗旺斯地区仅有一种矮小的野生棕榈树：埃及姜果棕或欧洲矮棕，现在还能在地中海南部、摩洛哥和阿尔及利亚找到。欧洲矮棕直到 150 年前才在最后一块保护地——芒通周边消失了。

**雅：**所以后来一些更高大的棕榈树取代了它们，而我们也无法见到它们原始的样子。

**让：**确实，这些是观赏树种。然后是法国南部的桉树，从澳大利亚引进的时间才 150 年；尼斯的象征植物——金合欢花，也原产于澳大利亚。柑橘类植物，如甜橙树、橘子树等，都是从中国引进的。中国部分地区拥有与地中海沿岸一样的气候特点：漫长炎热的夏季、短暂温和又潮湿的冬季。所有老鹳草属植物，俗称天竺葵，都来自与地中海气候接近的南非。

**雅：**与天竺葵在阳台上争奇斗艳的矮牵牛呢？

**让：**矮牵牛原产于秘鲁。芦荟也来自南非，与龙舌兰形状相似，但只有一根茎秆。长在铁路护坡上的龙舌兰原产于墨西哥。仙人掌也是从美洲引进的。至于法国梧桐，给在村庄广场上玩滚铁球的人提供了一片阴凉。没有了它，普罗旺斯地区的米拉博大道不会有现在的景象。法国梧桐是在 18 世纪的牛津植物园内由两个品种杂交产生的。一个品种在 16 世纪从土耳其经由意大利进入法国，另一个来自美洲。这种树极大地推动了法国南部城市面貌的变化。

**雅：**对法国更北的城市和道路也是！

**让：**九重葛在18世纪时被布干维尔岛的植物学家菲利贝尔·肯默生从里约热内卢带到了法国……所以在最近的四个世纪里，蓝色海岸的植物发生了根本性的变化。

## 大火后的新生

**雅：**我们提到的都是城市植物。不过，恺撒大帝当时在内陆地区看到了一片橡树林，我们现在看到的却是一片地中海常绿矮灌丛。这是伐树和大火之后留下的……

**让：**绝对是！这些是次生植被，不像刚才谈到的植物一样有必要去种植。由于人为火灾数量的增加，森林已经没有时间实现自我更新换代。闪电引起的森林大火一直都有。有些植物甚至依靠大火生长。比如，加利福尼亚的常绿阔叶灌丛就是一种地中海常绿矮灌丛，它在大火之后不断长出新叶。在南非，有些大火就是为了摧毁旧植物，为种子萌芽开辟广阔空间来更新生态系统。但是在地中海地区，90% 的大火是人为的，而且次数远比之前多。植物还来不及更新换代，便又被焚烧了！在这种情况下，没有被树木固定的土壤被强风暴雨给带走了，土地变得贫瘠，一种更加退化的次生植被出现。

**雅：地中海的生态系统一直都很脆弱吗？**

**让：**在荷马时代，古希腊的土地上到处覆盖着森林。四个世纪后，柏拉图在他的《克里提亚斯》一书中对这个国家的树木之少表示了遗憾。他说希腊的山看似一具没了皮毛的骨架。从古希腊、古罗马时期开始，随着人类数量的不断上涨，地中海周围的生态环境也退化了。

**雅：奥德修斯和他的人民都是水手，不过造船耗费了大量林木……**

**让：**这太过久远，如今的希腊人都已经不记得柏拉图生活的那个时代（公元前五世纪到公元前四世纪）曾有过森林。相反，西班牙的学生都知道，几个世纪前，还未大力发展畜牧业的西班牙曾经覆盖着大片森林。据说，松鼠从一棵树跳到另一棵上，可以一直从比利牛斯山脉跳到塞尔维亚。

# 第 二 章

# 人类的介入

*Acte 2*

# L'INVASION HUMAINE

# 第一节

## 驯服草原

人类来了。在几千年的时间里，人类过着狩猎采集的生活。接着，对于植物史和生命史都至关重要的一件大事出现了——人类发明了农业。

## 蚂蚁与人类

**雅克·吉拉尔东（以下简称“雅”）：**一万年前，第一次，动物界的代表——史前人类，为了自己的利益，开始组织并控制植物的繁殖和生长……

**马塞尔·马祖瓦耶（以下简称“马”）：**不是第一次！几百万年以来，有几种蚂蚁一直在培育真菌，有些则在养育动物——蚜虫。

**雅：**让－玛丽·佩尔特解释过真菌不是植物……

**马：**他说得对。真菌不是真正意义上的植物，而且当时动物数量也很少……但这是一种培育行为，一种真正意义上的农业。重要的是，在人类存在之前，这些小虫子便进行了这一创造。最近还发现这些小动物甚至能分泌出抗草物质，阻止杂草进入它们种植的“田地”。

**雅：**发生在新石器时代（即“磨制石器时代”）初期的事就是一场变革，其带来的影响要比蚂蚁和真菌的结合大得多。

**马：**当然，蚂蚁渺小的举动与农业对地球的影响之间毫无可比性。不过，在我看来，重要的是不要忘记其他生物也能有惊人的创举。

## 石器时代的植物

**雅：**在农业出现之前，地球是什么样子呢？

**马：**如果对那个时期的物种进行一次统计，我们几乎能够找到现存的所有物种。相当数量的植物和动物虽然消失了，但从那个时期开始，在生物进化的过程中，并没有很多新物种产生。一万年，太过短暂。至于地球上的植被，如果人类现在离开，留下一片荒芜大地，那么植被可能就会变成那时的样子。并且，在一千年之后，地球可能又会回到新石器时代早期呈现的景象。

**雅：当时的气候与现在也差不多吗？**

**马：**是的。维尔姆冰期，第四纪最后一个冰期，在约一万两千年前结束。两极地带的大浮冰融化，海岸线上升，地球上几乎所有地方的气候也与现在的差不多了。除了一些被人为破坏过的地方很难被修复之外，通过如今我们所见到的景象，可以推测出那个时期地球的面貌。

**雅：但是还有很多物种迁移到了其他地方，并不再离开已经适应了的新土地。**

**马：**确实是。人类把许多植物从一片大陆带到了另一片大陆。但我认为这些植物改变不了植被的整体分布情况。在地球最北端这种没有连贯分布的寒冷荒原，总是能找到苔原。稍稍往南，则可以看到泰加森林，以及西伯利亚、加拿大、芬兰、挪威和瑞典的针叶林。继续往南，慢慢出现混合林：一半针叶林、一半阔叶林（白桦树、橡树、山毛榉等）。接着便是温带森林，比朗布依埃森林更加原始。再往南，地中海橡树林一直延伸到撒哈拉地区的阿特拉斯山脉。其实一万年前的撒哈拉地区并不是沙漠，或许还能在那儿找到少量热带草原的植被呢。然后就是热带森林，这里只有一个旱季和一个雨季。越向南，气候变得越来越潮湿。当降雨量达到 1000 毫米、1500 毫米时，植被也变得越来越浓密。最后是赤道森林。这里有两个雨季，树木终年常青。当然，有些美洲植物可能就生长在欧亚大陆，而欧亚大陆的植物则在美洲……由人类完成的物种融合现象是不可逆转的。但这也不能从根本上改变植物的分布：野生棕榈树不会生长在西伯利亚，甜橙树也无法在爱尔兰的土地上存活。

**雅：在旧石器时代晚期，在打制石器的时代，环境是否已经被人类改变了呢？**

**马：**比我们一般认为的改变更多。自从 50 万年前人类学会使用火之后，人类利用环境实现了许多目的：捕猎，帮助嫩草生长以吸引食草动物，栽培采集来的植物……

**雅：用火烧掉所有植物之后，新生植物会长得更好吗？**

**马：**旱季结束时，热带草原上满是杂草枯草，会妨害在接下来的雨季中长出的新草。放火烧掉枯草，可为新苗清出了一片生长的土地。科西嘉岛的牧羊人会采取同样的做法。有些牧羊人继续在其他地方放火，结果众所周知……几乎世界各地靠狩猎和采集为生的人都曾使用过这种方法。美洲的印第安人用这种方法在他们的领地上吸引野牛。澳大利亚土著在第一次大雨到来之前，在播下采集的野生种子之前，也要烧一把大火……

**雅：这其实就是农业耕作了！**

**马：**是的，但因为他们播下的还是野生种子，我们认为这还只是向农业转化的一个阶段，被称为"原始农业"。这些土著身上有一种有趣的景象：他们虽不是唯一靠狩猎和采集为生的人，却是一千年以来唯一与农耕民族没有产生任何联系的人。而比如南美洲的狩猎采集者，实际上是重返森林的古代农民。

**雅：**因此，早在一万年前，人类就因为放火燃烧的痕迹在地球上留下了自己的印记了吗？

**马：**一点点，但还不足以改变生态系统。植被并没有退化。如果频繁出现的大火没有对生态脆弱的环境造成疯狂的破坏，植物很快会再次长大，就如同现在的地中海盆地。事实上，我们可以认为在新石器时代初期，后冰期时代的生态系统还是相当原始的。

## 村庄与耕地

**雅：**应该说，在那个时期，人类数量其实并不多……

**马：**是的。在农业出现之前，地球上的人类数量不超过一千万，可能仅有 500 万。后来，人口数量迅速增长：公元前一千年，地球上的人口数量已经翻了 10 倍。

**雅：为什么靠狩猎采集为生的人类为了播种而不再四处漂泊了呢？**

**马：**当农业开始出现时，这些人类就已经定居下来了。村庄的出现也有一段不短的时间。在海岸边发现了遗址：当时的居民依靠捕鱼和拾取海里的软体动物为生（在那里发现了成堆的牡蛎壳！）。此外，过去我们一直以为农业最先是在湖边或海边的这些村庄中形成的。后来，考古学家公布了采集者定居后所在的村庄遗址，他们不再专门以捕鱼或狩猎为生。这些村庄是在气候变暖之后形成的，出现在有着丰富资源的热带草原或阳光能够照射到地面的森林空地中。在近东地区发现了大批野生小麦、野生大麦，以及像豌豆和小扁豆这样的豆科植物……还有橡栗、开心果等。

**雅：这些是具备一定规模的村庄吗？**

**马：**不是。这些小村庄占地面积只有四分之一公顷。我们并不知道这些村庄具体的居住人口数量，但是许多迹象让我们有理由认为当时曾有近百人在此生活。对这些仅靠采集周边植物果实为生的人来说，这个数字已经足够多了。每个村庄的采摘半径根本不会超过 5 千米。

**雅：这些采集者所在的村庄都坐落在哪儿呢？**

**马：**在许多地区，其中最著名的毫无疑问就是近东地区：叙利亚和巴勒斯坦。当时人类在那里发现了大量的小麦和豆类植物，它们的样子跟我们现在食用的差不多。人类也曾在那里捕捉绵羊、山羊、猪、驴、母牛……如今我们饲养的这些动物当时几乎全都出现了，但都是野生的。同样，在中国北部地区的沃土上，人类也过起了定居生活。墨西哥南部的人类过着半定居生活：那里的人们每年在收获期会回到同一个地方居住，但之后会再次离开。

**雅：因此，并不是农业生产使人类开始了定居生活，其实正好相反……**

**马：**是的。近东地区的情况便是最明显的例子。栽培植物的历史源头不是匮乏而是富余。人类停止游牧生活，是因为手头已经具有充足的资源。这一现象可以通过人口的快速增长加以说明：村庄构建了一个比游牧地更有保障的环境，生活更加便利，女性流产的概率减少，所以人口增长得更快了。我们判断在不到一千年里，即将出现农业的村庄其规模明显变大了。

**雅**：变大了多少？

**马**：10倍。面积从2500平方米扩大到了2至3公顷。分散的圆形小屋被紧靠的四边形小屋所取代。这不仅意味着村庄的面积增大了，而且人口密度也增大了。其中有些村庄的人口可能达到了1000人。人口变得如此之多，即便是在一个资源富足的环境中，也不可能仅仅依靠采摘周边植物养活所有人。

## 聪明的野蛮人

**雅**：没人能相信那时的人类会说："既然我们的数量开始变得越来越多，那让我们来创造农业吧！"

**马**：当然不会有人相信了。更何况如今所有专家都同意一个观点，那就是他们没有创造出任何东西。

**雅**：什么？

**马**：所有的狩猎采集者都非常了解植物，只有几个学者可以成为比他们更优秀的植物学家。他们非常清楚，播下一颗种子，就有一棵植物生长出来。在农业诞生时，旧石器时代晚期的人类早在几千年前就已经知道这个道理了。游牧时期的人类每年都能在他们曾经走过的道路上找到留下的残余。掉落在火堆附近的种子也发过芽……他们收集了上百种植物，要么用来治病，要么用作食物。他们对植物了如指掌，如果采集到像有苦味的木薯这样的有毒植物，为了避免中毒，他们知道在吃之前如何去除有毒物质。他们甚至能够从中提取毒素，用于狩猎。数十万年以来，他们靠植物生活，对植物的观察细致入微，因为这关系到生存。

**雅**：那么，为什么他们等了那么久才运用了智慧呢？

**马**：曾经也有过。他们可能偶然地播撒过种子，在某些情况下。

**雅：但从不是系统性地？**

**马：**从来没有。显然，早期智人并没有从收获物中拿出一部分用于播种。开荒、松土、播种、保护幼苗以避开其他捕食者的破坏，简言之，耕作。这个过程要求付出劳动，大量的劳动。如果随手便可以获得所需之物，那么通过复杂方式获取便是白费力气！所以，他们只种植了几种稀有植物。

**雅：比如？**

**马：**据发现，有些狩猎采集者种植过烟草，我们不知道他们是怎么获得烟草种子的。但可以确定的是，在他们所生活的原始地区根本就没有烟草。或许农业就是如此发端的，从一些看似微不足道的植物开始。烟草可能是旧石器时代美洲人种植的第一种植物……所以，当需要产生，人类便会想尽一切办法解决困难，来促进供不应求的植物生长。

## 农业出现前的种植

**雅**：哪些条件使得农业只在这些地方出现，而没有在别的地方出现呢？

**马**：农业的发源地需满足三个条件：一，人类定居在村庄中；二，他们会播种和收获；三，他们专门采集能被驯化的植物。所以，在近东地区，旧石器时代末的人类就已经种植了野生小麦、大麦、扁豆和豌豆，还有可以用作布料的亚麻……他们很可能已经有了厨房和各种工具……我们发掘出了用于收割谷物的镰刀，镰刀由鲨鱼齿形的小燧石片和木头组成。他们还有用来制作面粉的平磨盘和磨棍，把面粉和水搅拌之后就可以做出馅儿饼了。

**雅：所以，在农业产生之前，人类文明就已经萌芽了。**

**马：**绝对是！因此，当村庄形成后，野生谷物不再能满足人类需求。他们为了种植植物需要发明什么呢？什么也不需要……真正的难题是社会政治问题。他们得把谷物留下一部分用作下一季播种，同时还得确保没有人吃掉这些储备。最开始的播种应该是在住宅边上进行的。但是之后，他们找到了另外一些条件优越的地方，比如阳光充足的林中空地，每年河水泛滥的冲积地……因此，他们就必须规定在大自然中收获谷物的所有权。曾经，所有人都有权采集。所以，其实最难创造的并不是农业，而是随之而来的社会。

## 农业发祥地

**雅：最早的栽培植物是哪些？**

**马：**正如我之前所说，对几个农业起源地的勘探已经完成，也就是那些未受任何外界因素影响而产生农业的地方。出现最晚的在北美，也是最贫乏的。那里的草原植物在公元前一千年才在密西西比河和密苏里河流域变成种植作物。不过，向日葵也可能是从那里传开来的。中美洲的墨西哥和南美洲的秘鲁则是当时重要的发源地。

**雅：在那些地方，有哪些植物变成了栽培作物呢？**

**马：**奇怪的是，在中美洲首先成为栽培作物的是辣椒和牛油果，然后7000年前是玉米、西葫芦、南瓜和烟草等。5000年前开始种植四季豆，再经过1500年，开始种植陆地棉——一种长着粗壮纤维的高山棉花。在秘鲁的低洼地里也种植了一种棉花，叫作“巴巴多斯”，属于长纤维棉，质量上乘。

**雅**：当时埃及优质棉还没有出现吗？

**马**：不太确定。埃及从远古时代以来就种植着一种质量相当普通的灌木棉花。这种棉花原产地在印度半岛或者非洲。但埃及棉的近代史却很奇特。19 世纪初，一位名叫茹麦尔的日内瓦工业家，在尼罗河边埃及贵族喜欢种养花草的一个小植物园里，发现了质量极好的棉花苗。他扩大了这种棉花的种植，并且获得了第一次收成。棉花被运送到了伦敦，并被认定为一级品，也就意味着这是当时世界上最好的棉花。接着，茹麦尔说服穆罕默德·阿里（曾任埃及总督，并被誉为“现代埃及的奠基人”）扩大棉花的种植并出口棉花赚取国家进行工业化和军队现代化所需的资金。穆罕默德·阿里推行了一项庞大的棉花灌溉和种植推广计划，这项计划一直实施到了 20 世纪初。结果，农民种植了棉花和甘蔗（总督的另一个计划），以及用来喂牛的苜蓿和供食用的小麦、玉米，而这个国家的人口数量也从 300 万增加到了 6500 万……

**雅：**植物园的棉花来自美洲吗？

**马：**这是一种来自巴巴多斯岛的棉花！这个物种丰富的地方还给我们留下了四季豆、羽扇豆以及土豆。

**雅：**还有番茄？

**马：**并没有。番茄原产于中美洲。阿兹特克人最先把它叫作"Tomatl"。与木薯和花生等重要农作物一样，番茄并不产于农业的起源地。需要明白，一旦农业产生，农作物就会被传播。在农业产生后的几千年里，世界各地的植物几乎都变成了种植作物。不过，我们现在聊的仅仅是人类最初种植的那批植物。

## 欧洲和非洲：资源匮乏的祖先们

**雅**：还有其他农业发展的中心吧？

**马**：当然，在亚洲，中国。

**雅**：……就是培育出了水稻的地方。

**马**：中国的农业起源于8500年前的山西和河南一带，那里土壤肥沃，黄河流经。人们最早种植的植物是小米和一些蔬菜，比如卷心菜、大头菜。到了新石器时代，中国长江流域东南方向的农民开始种植水稻。后来，农业在整个东南亚都发展了起来，数不清的植物变成人为种植的作物。

**雅：**那么在非洲呢？

**马：**没有有名的起源地。

**雅：**欧洲呢？

**马：**也没有。但在两片大陆的连接处，我们发现了最重要的一个。

**雅：**让－玛丽·佩尔特说过，在大冰期中存活下来的南方植物在气候变暖时，慢慢向北移动到了变得温和的地区。但欧洲是一个例外，这些欧洲物种的种子在寒冷来临时，没能够穿越地中海到非洲躲避寒冷。所以，其中很多物种已经灭亡，从而导致欧洲的植物物种数量匮乏。不过，在近东地区，地中海不再是一个屏障，相反成了连接埃及与土耳其的纽带。这也可能是该地区在公元前一万年物种就极其富饶的原因。

**马：**极有可能。显然，不管怎样，近东地区曾经是一个极其富饶的地方，而且是一个极其适合栽种植物的地方。

**雅：而且，可能是第一个……**

**马：**有可能。总之，我们在这片土地上找到了种植的小麦，这些小麦已经有 9500 岁了……甚至在小麦之前，在近东地区种植出来的第一种植物可能是更适合在那儿生长的大麦：大麦可以进行多季播种，而且能适应不同的土壤环境。在那里，我们找到了西方文明中的基础植物。小麦和大麦可以给我们提供糖，扁豆和豌豆等豆类可以提供蛋白质，亚麻可以做成衣服。

**雅：农业被传播到了世界各地，与此同时，变成农作物的植物也一直在增加……**

**马：**是的。但还有一个地区我没有说到，一个小却出众的发源地，就是巴布亚新几内亚。一万两千年前，巴布亚新几内亚人开始种植芋头——一种生长在热带地区的植物。太平洋岛屿上的居民主要以芋头、椰子和番薯为食。番薯跨越太平洋，从南美洲来到了此地。那么它到底是怎么来的呢？未解之谜……不久之后，巴布亚新几内亚的农业被中国的水稻和东南亚种类繁多的作物超越了……

**雅：**所以，地球上总共有6个农业发源地？

**马：**是的。但再强调一遍：不要混淆了农业发源地与农业产生后培育出了新农作物的地区。比如在非洲的热带地区，近东地区的谷物由于气候原因不能在那里生长，而其他的植物如小米、高粱和本地水稻则已经变成了栽培作物。

## 第二节

## 谷物的驯化

最初耕种植物的人想象不到播种的这一行为将如何改变植物。实际上，年复一年，植物慢慢适应了人类的改良实践。

## 区分良莠

**雅：我们怎么能确定一棵植物是在特定的时间和地点被驯化成栽培作物的呢？**

**马：**采集野生谷种，播种，收割，这就是原始农业。保留部分收获的谷粒，播种，收割。重复这个流程。渐渐地，我们得到的植物便与第一次播种之后收获的植物越来越不同了。这个过程就叫作驯化：植物经过人类的不断培育，慢慢不同于野生品种。因此，只要在能推断出年代的沉积层中找到具有不同特征的植物遗迹，我们便知道在那个地方，在那个发现植物的地质年代，这些植物就已经被驯化了……

**雅：早期的农耕者并没有进行配种、选种、杂交等其他操作。那么，这些植物是怎样进行自我进化的呢？**

**马：**虽然当时没有进行有意识的、主动的选择，但是植物本身就是一个极好的选种机。

**雅：**它们是怎么做到的呢？

**马：**我们就以一种代表植物——小麦为例吧。小麦可进行自交，也就是说，它可以给自己的胚珠授粉。

**雅：**这是一个不太常见的案例！

**马：**在栽培植物中确实不多。燕麦、水稻和高粱具有相同的特征。播下小麦种后，收获的麦穗应该与它们的父母长得差不多，因为它们的父母也来自同一棵麦子。它们几乎是纯系品种，虽然染色体并不完全一样，但随着时间的推移趋于相同。遗传多样性现象也是存在的：林中空地上的麦穗属于不同品种，保留了更多的特性。所以可以在房子周围播种在草原上采集来的不同麦穗的种子……

**雅：每一棵麦穗都有自己的特征。**

**马：**完全正确。首先，有一些小麦种子长势更好，因为有些种子根本就不会发芽。等到夏天6月底7月初，大部分的麦穗成熟后便可以收割了。保留一部分的谷粒作为麦种。在接下来的一年，选择成功发芽并在6月底成熟的小麦种子播种。像这样进行十次、百次……一个世纪之后，所有繁殖能力差或者收成低的品种就会被淘汰……

**雅：都是哪些被淘汰了呢？**

**马：**这是个细活儿。首先，所有在秋天的第一场雨后没有发芽的小麦种子将被淘汰。

**雅：为什么这些种子没有发芽呢？**

**马：**许多野生植物都有所谓的休眠体，也就是等待来年生长的种子。因为雨季可能不够长，或者根本就没有到来。不过，为了物种的延续，这也是大自然的目标。种子具备了休眠一两年再萌芽的能力，这其实就是休眠种子存在的原因。种子外层中含有一些抑制萌芽的成分。外层越厚，含有的抑制成分就越多……所以，这些种子在播种时自动被排除了。经过几年，只剩下一些种子外层薄、立马能发芽的麦穗了。

**雅：所以，无休眠特性、能立即繁殖便是典型特征吗？**

**马：**不止这些。比其他植物更早成熟的植物也会被淘汰。因为在收获季前，它们的种子早已掉落。同样，茎秆脆弱易断的植物，以及风一吹种子便会掉落的植物，也都会被淘汰。这种有利于在野生环境下繁殖的特征，在农作物种植过程中是不受用的：掉落的种子不会被采集，更不会被播种。久而久之，我们得到了茎秆粗壮、麦粒不易掉落、能在同一时间成熟、种子无休眠期且每年都会发芽的小麦。不符合农业种植要求的作物自动被淘汰了。

## 神奇的麦穗

**雅：**总之，农耕出色地完成了任务。

**马：**比想象中更好！长有最多麦粒的麦穗显然比麦粒少的麦穗更能繁殖。这是数学问题。因此，栽培出来的小麦产出的麦粒比野生小麦的数量要多得多。

**雅：**真是太神奇了……

**马：**这还没完！在热带草原上，小麦主要与其他植物展开竞争。但在平原上，第一批农耕者很快便养成了拔除杂草的习惯，由此营造了一个非常独立的生态体系。自此以后的竞争主要发生在同一物种的个体之间。在这种竞赛中，谁是赢家呢？是最快长出根茎和获得阳光的。换句话说，就是第一个发芽的。不过，种子提早萌发取决于种子内可快速发挥作用的有机物质的数量，也就是糖。所以，含有丰富糖分的大麦粒就这样被筛选出来。

**雅：我懂了，第一批农耕者见证了上天给予的奇迹！这种自动选择只带来了好处吗？**

**马：**表面上看是的。实际上还是有不足之处。我们已经知道，人工栽培出来的麦粒更大，含糖量更高。但从营养成分的比例来看，人工栽培的小麦蛋白质含量没有野生小麦的丰富。因为蛋白质在胚芽中，不论麦粒大小，胚芽的大小都差不多。

**雅：要让一棵植物变成人工栽培作物需要多久的时间？**

**马：**由于我们没有再做过这种实验，对于这个问题，我们一无所知。

**雅：从来没有人对复制野生小麦的驯化过程产生过兴趣吗？**

**马：**显然没有。有几个科学家曾种植过一种来自美洲草原的禾本科植物，驯化过程历时 40 多年。但过去的驯化过程一定更长，甚至比人的一生还长。正因为如此，没人对小麦进行过这种实验。

**雅：为什么这个驯化过程实际会需要更长的时间呢？**

**马：**因为在新石器时代初期，播种了来自灌木丛的单粒或二粒野生小麦种的人类，在下一季播种时，混合了收获的谷粒和在自然中继续采集的谷粒。只有当播种而来的谷种远远超过采集而来的谷种时，驯化才能开始进行。因此，我们认为小麦的驯化是几代人努力的结果。

## 森林的召唤

**雅：所有植物都像小麦一样容易被驯化吗？**

**马：**不是。就像对于动物界来说，有些动物是难以被驯服的，比如斑马，它外形俊美、移动速度快、强壮……我们从来没成功地让它变成我们想要的样子！像小麦这样以自花授粉为主的植物生长相当稳定，而异花授粉的植物，也就是只和邻近的同类交配的植物，才是真正让农民头疼的。每年，这些植物都会与野生苗进行授粉。为了达到被完全驯化的效果，就得把它从原先生长的地方移植到一个没有这种野生植物的地方。以黍米为例，要把它单独隔离，不停地清理周围的野生黍。一旦与野生黍授粉，驯化黍就会退化到不适合种植的状态。最糟糕的情况便是出现杂交黍。杂交黍发芽后和驯化黍几乎一样，生长的过程也很相似，结穗后，还一直被误认为是驯化黍。但在黍粒成熟的时候，突然间就出现了脱粒现象，全部掉落在地面……所以辛苦照顾一棵被误以为是驯化黍的杂交黍，到头来只会一无所获！

**雅**：所以，种植自花授粉的植物明显更轻松。

**马**：不一定！如果说异花授粉植物只能交叉传粉，那自花授粉的植物从不只限于一种方式。它们仍能敏锐地察觉到外来花粉……水稻便是一个例证。追寻偷偷给驯化品种授粉的野生水稻才是一段冒险故事。我们曾经进行过种种尝试……为了分辨并拔除野生水稻，我们甚至研发了一种红叶驯化水稻。

**雅：**然后呢？

**马：**杂交稻很快也出现了红叶！这就是野生杂交稻，也被认为是“杂草”，它模仿驯化植物的能力极强。由于经历了同样的生长程序，所以这些野生杂交稻就具有了一些驯化稻的特性。

## 栽培植物的染色体

**雅：**最早的农民当时可能没想到他们的种植效果如此的好。那为什么一开始，人类会在近东地区数千种植物中选出小麦进行种植呢？

**马：**因为他们已经吃了几千年的小麦，而且喜欢上了。这类被选出的植物总是有两种优点：产量大且适合烹饪。人类播种他们喜欢的东西。还有一件奇怪的事：如刚才提到的木薯属等需要在食用前去除有毒物质的植物，其种植数量也在上升。

**雅**：小麦的祖先现在还存在吗？

**马**：是的。实际上有两个品种。一个是最古老的品种——单粒小麦，它有 2 个染色体组，每组有 7 对染色体。它的基因发生突变后产生了二粒小麦，这种小麦有 4 个染色体组。这便是硬粒小麦的祖先。用这种小麦可以做出面团和粗面，比如古斯古斯[①]。

**雅**：那面包呢？

**马**：用的是另一个品种，一种有 6 个染色体组的软粒小麦，由二粒小麦和另一种山羊草属谷物自发杂交而来。这个杂交过程发生在远古时期的中东地区。

**雅**：上述变异是怎样实现的？

**马**：变异的方式有千百种！显然，物种在此过程中存在染色体杂交、染色体组内部变异等现象。生物的变异很常见，也是进化的燃料。如果变异使个体功能变弱，则该个体将被淘汰；如果变异使个体功能更强大，则该个体及其后代就赢过了它们

① 古斯古斯是一种粗麦制品，是北非的一种传统面食。——译者注

的竞争对手。现在还留有很多基因突变的产物，如秋水仙碱——一种取自秋水仙的生物碱。

**雅**：就是盛开在草地上的花……

**马**：是的。现如今，喷洒在植物上的除草剂或除虫剂甚至造成了一些畸形物种的出现。我在古巴曾见过一些四五个果实长在一起的连体菠萝……

**雅**：这是偶然现象吗？

**马**：不仅仅是一种偶然现象。种株也会制造突变体并观察它们是否能带来好处。不过，大多数情况下，这些突变都未带来任何好处。染色体数量的增加常常导致突变体增大，从而产生更大的种子，但种子含有的营养物质如蛋白质、脂类等含量却急剧减少。因此，从单粒小麦到作为牲畜饲料的高产小麦，质量的下降是相当明显的。

**雅**：那为什么还要种植这些小麦呢？

**马**：因为成本低。每公顷优质软粒小麦最多可收获 90 公担[①]，而饲料小麦可收获 120 公担。

**雅**：哪些植物是地球上最早被人类种植的呢？

**马**：很难回答！所以我们只能做一些假设。若是发现有些地方的花粉密度与自然密度相差太多，或花粉出现在原产地之外的地方时，比如印度烟草，只能假设它们被种植过。虽没有留下任何痕迹，但许多野生植物应该都被种植过，因为它们并没有什么生长优势。但还要注意一种情况，就是没被驯化也没被种植过，但得到人类照顾的植物。

**雅**：什么意思？

**马**：人类在开荒时保留了一些有用的植物，像生活在赤道森林边缘的油棕榈树，果实和叶子都可以被食用的猴面包树以及产油的乳油木等。由于得到了人类的保护，这些物种得到了进化发展，但人类并未因此种植这些植物。

① 公担是公制重量单位。1 公担等于 100 千克。——译者注

## 小麦的旅程

**雅：植物一旦被人类驯化后，在接下来的几千年里，它们便不会有太多的进化发展。**

**马：**我认为会有一些变化。近东地区的种植者们在迁移的过程中一直带着小麦，并把小麦传播到了邻近地区。播种小麦也在巴尔干半岛、欧洲的地中海地区和多瑙河流域等地传播开来了。小麦进入法国南部很久之后，又从匈牙利和德国进入了法国北部。小麦的传播速度相当缓慢：花了一千年的时间才从近东地区来到保加利亚，然后又用了一千年才抵达巴伐利亚南部……但是它在不断扩展，从东向西，从南向北移动。不过，每次人类培育的小麦到达一个新的地区时，便会面对不同的气候条件和环境。于是，新的选种方式产生了。在瑞典，显然有些小麦品种因为寒冷被完全淘汰了，剩下的品种肯定不是留在埃塞俄比亚的那些。随着时间和旅程的继续，植物出现了一些变异体，这些变异体只在某些地方被保留下来。在人类种植小麦的地方，出现了各种类型的小麦：平原小麦、高山小麦……

**雅：之后，小麦的生存状况稳定下来了吗？**

**马：**没有。在小麦最初传入欧洲时，播种会在烧荒垦地后进行。小麦被种在一个暂时没有树木的森林生态系统中：远古时代的地里什么也没有，只是一片被人清理过的光秃秃的土地。这片土地毫无遮盖、阳光充足，但是土壤渐渐变得贫瘠了。小麦必须得先适应绿树成荫但土壤肥沃的森林，然后要面对如今在科特迪瓦发生的状况。

**雅：是如今科特迪瓦的小麦面临的情况吗？**

**马：**不，是薯蓣，它与从前小麦经历的整个过程十分相似。在科特迪瓦赤道森林的空地上，巴乌莱人种植了一些喜阴的薯蓣。塞努福人则在矮树草原上种植了一些喜阳的薯蓣。但由于垦荒，巴乌莱人把森林变成了草原。因此他们被迫只能再次种植能在新环境中生长的薯蓣，也就是说，要进行再次选种。或者选择塞努福人种植的薯蓣种子……

**雅：这就是欧洲的森林被砍伐时，小麦所碰到的情况吗？**

**马：**确实是。曾经，小麦生长在林中空地满是腐殖质的肥沃土壤中，但几乎没有阳光，而且要与森林植物竞争，现在却渐渐要面对土地贫瘠，但有更多阳光、更多不同植物竞争的情况……所以，其他品种脱颖而出。一种抗性更强但不那么“贪婪”的小麦取代了更高产的小麦。它们还要面对与杂草的激烈竞争。

## 入侵者

**雅：为什么这些田野里的杂草与森林里的杂草相比，有着更可怕的竞争力呢？**

**马：**因为有些野生的杂草经过了无意的筛选。它们与小麦一起被种下，一起被再次播种到土里……大家要知道，在被翻耕过的地面以下20厘米处，每平方米土壤里有着数千颗休眠的种子。这些种子会在一年、两年、十年后萌芽生长。你以为它们已经在耕地时被消灭了吗？妄想！它们将在某一天来到地面，发芽生长。

**雅：并不是所有的野草都能与栽培植物竞争。最主要的杂草有哪些？**

**马：**有很多呀！这取决于土壤和栽培作物。在小麦周围有永远无法根除的狗牙根、蓟、牵牛花，还有那些种子不管怎样都能活下来的“不死植物”：野荠菜、虞美人、繁缕和矢车菊……在森林里，因为树荫的原因，杂草要少很多。

**雅：那野燕麦呢？**

**马：**近东地区过去没有野燕麦。当最早的农民开始占领新的土地时，他们发现了新的植物。由于燕麦与大麦和小麦的成熟期接近，所以与小麦或大麦差不多同时被收割了。不要过度担心，毕竟燕麦是可以食用的。燕麦由此也被人类一次次种到了地里，久而久之，也被人类驯化了。这种自然生长的禾本科植物，因偶然的选择，变成了一种伴随人类的种植活动被无意驯化的植物。

**雅：布列塔尼人做薄饼用的荞麦是什么样的植物?**

**马：**与小麦无关。这是一种在中亚某地培育出来的谷类作物，也被叫作“撒拉逊”，可能是因为荞麦是阿拉伯人带来的吧。这种植物在历史上曾经是非常重要的作物。它长在小麦、大麦和黑麦不能生长的地方。人们当时把荞麦种在土壤不够肥沃的斜坡上。

**雅:重新说回小麦。树林的砍伐导致土壤肥力急剧下降……**

**马：**是的。那个时期的小麦与新石器时代的小麦相比，可能经历了一次退化。相反，从人类知道用肥料滋养土壤的那一刻开始，人类便能够为产量更高的植物供应生长养料了。随着时间的推移，能够吸收这种养料的小麦种子自然被筛选了出来。

## 植物的兴奋剂

**雅**：肥料将植物渐渐带入了现代时期。

**马**：进化也加速了！人们把极富营养的矿物肥料撒到土壤中，必然会自发选择更能吸收化肥营养物质、产量更高的植物，来让投资有所回报。如果给以前的小麦施和现在同样多的氮肥，那么我们祖先种植的小麦将全部死掉。就算最好的情况也是小麦会长出很多叶子、极高的茎秆，然后倒伏在地。

**雅**：兴奋剂事件呀！用硝酸盐给小麦施肥，给小牛注入激素。故事已经不那么美丽了。

**马**：确实，最初使用的硝酸盐剂量过多，小麦便全部倒地了。这并不是暴风雨所造成的！所以我们应该选择秸秆更短的小麦，因为它能长谷粒而不长更高的茎秆和更多的叶子。

**雅：如今，这种筛选的目的是什么？**

**马：**不管是对小麦、水稻还是任何一种谷物，我们都曾把注意力集中在几种高产品种上。但这些品种的表现力过强，以至于一万年来所有本地品种全都消失了。无论如何，这些植物品种繁多、千差万别：莫尔旺的小麦就不同于博斯的小麦……不过，我们也看到了，有些小麦适应性没那么强，换了地点，它可能就活不了。对环境的适应性，即基因多样性，存在于许多正在消失的物种中。

**雅：我们在其他栽培植物身上也发现了这种现象吗？**

**马：**是的。我们观察到世界各地的生物多样性都在日益贫乏。

**雅：这样很危险吧？**

**马：**有时候，植物会稍微有些退化，会失去抗性、颜色和气味等一些特性。过去，农民可以利用相近品种进行救治，使其重获特性。但如今，我们失去了所有当地的古老物种。它们离开得太快，我们几乎来不及去收集、记录、保护……没有一个国家有能力建造博物馆来拯救那些不再被种植的植物。是人类导致可种植植物的遗传基因组变少了，所以未来人类可能要为此承担恶果。如今，我们正在做出努力，试图让那些可恢复生长的植物重回植物界。但是，人类采取行动的时间真是太晚了！比如在越南，在高产水稻强劲生长的势头下，许多水稻品种还在走向消亡。

**雅：**但是大米的市场发展良好……

**马：**圈套……超市货架上的“巴斯马蒂米”[①]“克什米尔米”或“泰国米”都只是一些经过略微改良的高产品种。当然，这些大米都是在如标签所示的原产地种植的，但算不上真正的地方性大米。

① 一种产自印度的大米，是稻谷中的极品。——译者注

**雅：在栽培作物中，这种高产品种的数量有多少呢？**

**马：**联合国粮农组织（FAO）年鉴给出了一份植物清单，统计了这些植物在世界范围内的产量情况。这份清单并没有涵盖所有植物，但其中记录的植物产量确实相当大，不包括埃塞俄比亚的蟋蟀草和画眉草……不过也不要紧，如果去除饲料作物和药用作物的话，高产作物的数量有 80 种。

## 全球作物名录

**雅：这些高产作物分布情况如何？**

**马：**全球有 8 种主要粮食作物：小麦、水稻、大麦、玉米、黑麦、燕麦、黍、高粱。这一排序并不代表它们在世界农业中的地位。小麦种植面积为 2 亿 3 千万公顷，年产量为 6 亿吨；玉米种植面积为 1 亿 3 千万公顷，年产量不足 5 亿吨；种植面积 1 亿 5 千万公顷的水稻大约产出 6 亿吨稻谷，相当于 4 亿吨白米；用于制造啤酒的大麦种植面积是 7500 万公顷，年产量是 1 亿 7 千万吨；4300 万公顷的土地上产出的高粱才 6000 万吨；黍的种植面积是 3700 万公顷，产量为 3000 万吨。

**雅：除了主要粮食作物之外，其他的作物呢？**

**马：**还统计了 5 种根茎类作物：土豆、甜薯、木薯、薯蓣、芋头；7 种豆科作物：菜豆、蚕豆、豌豆、鹰嘴豆、小扁豆、大豆、花生；10 种油料作物：向日葵、油菜、芝麻、亚麻、红花、籽棉、蓖麻籽、油橄榄树、椰子树和棕榈树。

**雅**：还有蔬菜。

**马**：是的。统计的蔬菜全球产量约为10亿吨，但考虑到自给自足的菜地，这一数字远低于实际情况。这个数字看起来很多，但含水量达80%的蔬菜的卡路里远低于粮食。统计的17种被认定为“健康食品”的蔬菜作物分别是：卷心菜、洋蓟、番茄、花菜、葫芦、黄瓜、茄子、甜椒、洋葱、大蒜、青豆、豌豆、胡萝卜、西瓜、甜瓜、葡萄（主要用于酿造葡萄酒，消耗量达25亿升！）和椰枣。此外，还得再加上两种糖料作物——甜菜和甘蔗。还有总计3亿吨的20种水果和坚果：苹果、梨子、桃子、杏子、李子、鳄梨、杧果、菠萝、香蕉、大蕉、木瓜、草莓、覆盆子、黑醋栗、杏仁、开心果、榛子、腰果、栗子、核桃；6种柑橘类作物：甜橙、红橘、橘子、小柑橘、柠檬、葡萄柚；5种纤维作物：亚麻、大麻、黄麻、剑麻和棉花以及一些无法分类的作物，如橡胶树、可可树、茶树、咖啡树和啤酒花。以上就是人类栽培的作物……

**雅：**还有不少作物没在里面，如：萝卜、生菜、芹菜、樱桃、猕猴桃……

**马：**除此之外，还有！那些被统计的仅仅是数量最多或者有数据记录的植物。但此外，还有 10 倍多的植物，大部分都远离人类的生活。相比目前已被记录的 50 万种野生植物，这些栽培作物实属少数。

**雅：**您觉得是不是还有很多植物有待被发现呢？

**马：**看一看老版的百科全书：在 20 世纪初，我们还只认识 30 万种植物！应该还有数十万种我们不知道的植物。

**雅：**所以，栽培植物的数量仍是野生植物的千分之一。

**马：**是的。不过，澳大利亚的土著当时就已经采集了大约 1000 种野生植物。在非洲，当时人们采集的野生植物数量也在 1000 种左右。

**雅：**但采集是一种相反的选择，因为人们只收获最好看的果实，所以选择的都是最娇弱的部分！

**马：**的确是。这样可能对植物产生质量和数量上的影响。就像过度放牧，当草地上的母牛数量过多时，就不会长草，而会长出一些野花，如蒲公英和雏菊。

**雅：**因此可以设想还存在一些我们不了解的可栽培植物。

**马：**毫无疑问。但要解释为什么人类驯化的物种要比采集到的物种少一半，就必须知道一个事实，有些可能已经被种植了一百多年的植物却未对世界带来一丁点儿的改变……尽管如此，我依然认为直至现在仍然有一大批人类认为毫无价值的植物。这些植物在野生的状态下对人类没有太大的作用，但一旦经过人工培育，有一些也许就变得对人类非常有益了。

## 第三节

## 迁移的花园

人类出于自己的需求和喜好选择植物栽培，带着植物远行，又带回新的植物。今天的花园里，承载着植物相逢和被驯化的万年历史。

## 法式蔬菜牛肉汤

**雅：**开胃菜，我们选择小红萝卜。小红萝卜是菜地里最先收获的一批蔬菜。春天一到，我们便可以播下小红萝卜种子，4周之后就可以用盐和黄油拌小红萝卜吃了。小红萝卜原产于哪里呢？

**马：**来自近东地区。它们自发生长,有时甚至被认为是杂草。但也有一些来自中国的小红萝卜品种。

**雅：**一半小红萝卜种子，一半胡萝卜种子，在播种前把它们混合到一起。通过这种方式，采收完长得更快的小红萝卜后，原本挤在一起的胡萝卜之间的间隔变大了些。所以让我们从这橙色的胡萝卜开始吧，它让孩子们的脸颊变得红润，也是蔬菜牛肉汤里必不可少的。

**马：**胡萝卜一直都是我们国家的一种重要植物。另外，它在路边到处可见，数量特别多。但注意不要与毒芹弄混。毒芹是另一种伞形科植物，含剧毒，曾使苏格拉底丧命。在整个亚欧大陆，胡萝卜都是自发生长的植物。

**雅**：那萝卜呢？

**马**：我们曾经以为，它是在中国被驯化的首批植物之一。但还有一种地中海萝卜品种。

**雅：土豆的历史大家都知道：从秘鲁到帕伦蒂尔**[①]**……**

**马**：这是大家的成见。历史其实更加复杂。土豆原产于安第斯山区，那时约有 300 个品种。但只有两到三种土豆被人类驯化了。人类第一次提到这种块茎是在 1533 年。在《秘鲁编年史》中，佩德罗·西埃萨·德·莱昂，一个陪同皮萨罗的雇佣骑兵，讲述了他在基多（如今的厄瓜多尔首都）发现了被他叫作“小蚕豆”的菜豆和土豆。1560 年，皮萨罗带着 99 个土豆（可能在路上丢了一个）回到了欧洲，并献给了西班牙国王腓力二世。然后腓力二世又把这个作为礼物献给了教皇，请求教皇帮助治疗他的痛风。

① 土豆被从秘鲁引入欧洲后，最开始并没有得到大面积种植。后来，法国药剂师帕伦蒂尔被捕入狱，他食用 3 年土豆后仍身体健康，才开始着手对土豆进行全面研究。他曾举办过以土豆为主题的晚宴，最终将土豆成功推上了欧洲人的餐桌。——译者注

**雅：**奏效了吗？

**马：**史书上没有讲，但可以确定的是，不久之后，土豆便出现在欧洲，特别是现身于神圣罗马帝国的许多植物园里。此外，在维也纳的植物园里，土豆首次被植物园园长卡罗卢斯·克卢修斯画了下来。1596 年，加斯帕尔·博安在巴塞尔出版的著作中也提到了土豆。接着，菲利普·德·西弗里在其 1601 年出版的《黑藻植物史》一书中大力赞扬了土豆的食用优点。1597 年，英国的一本出版刊物中曾提到了一种弗吉尼亚土豆，对其情况描述与沃尔特·罗利爵士 1586 年带回来的根茎的情况相吻合。但我们怀疑这是一直都很奸猾的英国人的诡计。他们试图让人相信这些土豆是他们从北美洲带回的。而事实上当时那里并没有这些植物。他们这样做的目的是掩盖土豆是从西班牙的一艘船上掠夺过来的事实。这是他们的习惯做法。

**雅：**有一件事是确定的，当时的人们在书中见到的土豆比土地里的还多。

**马：**是的。当时人们种植土豆遇到了很多困难。土豆来自赤道高海拔地区，也就是说，日照约有 12 小时。欧洲冬季结冰，所以只能在夏季种植土豆，但夏季日照时间过长。结果，这些植物只能长出少得可怜的块茎。过长的日照时间不利于块茎的生长，这种情况持续了两个世纪，期间土豆适应着新环境，并且人们引进了智利的土豆。实际上，土豆花了很长时间才南下传到瓦尔帕莱索所在的温带地区，而且经过了几个世纪才适应了南半球漫长的白昼。

## 普鲁士士兵的主食

**雅：**那帕伦蒂尔是个什么人物呢？

**马：**他是个军队药剂师，在英法七年战争（1756—1763）中被普鲁士人俘获。他发现在外莱茵河地区，土豆是士兵和囚犯的主食！法国在1769年和1770年发生了严重的饥荒。当时，贝桑松学院推出了一项竞赛，竞赛的主题就是给出在缺粮情况下哪些有可能代替当时日常食物的植物物种。8个候选人在他们的论文中都推荐了土豆，而帕伦蒂尔的论文可能更有说服力，所以他获得了第一名。1787年，路易十六委托帕伦蒂尔验证这些外来块茎的好处。当时的法国人以各种借口鄙视这些块茎，称之为“穷人的面包”“猪吃的面包”，还指责它会让人生病……于是，帕伦蒂尔在讷伊的萨布隆平地上开始了土豆种植，现在还有一个以此地命名的地铁站。1789年发布了由帕伦蒂尔签署的《土豆、白薯和洋姜种植协议》。之后，事情得到迅速发展。从1793年起，国民公会极力鼓励农民种植这种被认为是革命性作物的土豆，土豆很快变成法国数量最多的作物之一。

**雅：**其他欧洲国家种植土豆的历史也很悠久吗？

**马：**是的。在爱尔兰，由于英国人占领了所有肥沃的土地，所以贫苦的当地农民不得已而选择种植对土地没有小麦要求那么高的土豆。从17世纪末开始，这种秘鲁块茎便成为他们的主食。但后来，土豆受到病害，引发了1845年至1847年的大饥荒。信仰天主教的人口数量一下子少了200万，人们不是被饿死，就是移居美国了。

**雅：**卷心菜也是一种在北欧和东欧国家十分受欢迎的蔬菜。不是所有厨师都会把卷心菜放入牛肉蔬菜汤中。不过没有一个园丁会忽视这种伟大的植物。神话故事里说，小男孩儿就是从卷心菜里长出来的①。

**马：**卷心菜原产于西方。中国也有一些卷心菜品种。不过，现在在欧洲种植的卷心菜最开始都是野生的。

---

① 出自古希腊神话。故事中讲，克吕泰涅斯特拉是迈锡尼国王阿伽门农的妻子。他们一共育有4个孩子，其中有3个女儿，分别是伊菲吉妮、克里索特弥斯和伊勒克娜，还有一个儿子叫欧雷斯特。孩子们出生时，3个女儿在玫瑰花瓣里，儿子则在卷心菜叶里。——译者注

**雅：**我们来说说韭葱这种“穷人的芦笋”吧。

**马：**野生芦笋是一种地中海植物，并不放在蔬菜牛肉汤里。至于韭葱，来源不详，是葱属植物。葱属植物当然包括大蒜，还有葱、洋葱和韭菜。韭葱似乎是葡萄园里的野生植物。野生的韭葱被叫作“葡萄园葱”，生命力极其顽强。

**雅：**那其他葱属植物的来源也不清楚吗？

**马：**不是的！大蒜原产于亚洲的吉尔吉斯斯坦与阿富汗之间的地区。在欧洲温带地区也长有一种野生大蒜，被叫作“熊蒜”，但从未被人类驯化。

**雅：**它可以被食用吗？

**马：**当然。但要达到一定数量，因为它的鳞茎肉质很少。不过，它给色拉提味的效果很好。洋葱也是同一科植物，但不是大蒜的衍生物。洋葱原产于印度，很早便出现在了地中海东部。从史前时期开始，人类便开始食用洋葱了。至于韭菜，它是一种北方植物，最早被发现在加拿大和西伯利亚地区。它是一种古老的植物，就像所有同时自然生长在美洲和亚欧大陆的植物一样。也就是说，它们在大陆分离、大西洋形成之前就已经存在了。

**雅：**那时法国的菜园里主要种了哪些蔬菜？

**马：**我们见过的卷心菜和生菜……

**雅：**有点儿伤心。我们可不是用这些发明法国美食的。

**马：**我说过，欧洲北部曾经是个植物物种匮乏的地区。现在我们种植的大部分植物都原产于近东地区和地中海地区。

## 法式蔬菜杂烩

**雅**：让我们走到地中海的菜园里去采摘做蔬菜杂烩所需的食材吧。我们已经有了大蒜和洋葱，找找西葫芦吧。

**马**：西葫芦来自墨西哥！几乎所有南瓜属植物都来自墨西哥，其中就包括南瓜。不过笋瓜是个例外，它原产于南美洲。

**雅**：黄瓜也是吗？

**马**：黄瓜不是南瓜属。人类把野生黄瓜从喜马拉雅带到了克什米尔和印度河以北地区。

**雅**：没长熟时吃起来像黄瓜的甜瓜，也来自同一个地区吗？

**马**：不是。甜瓜和西瓜来自萨赫勒地区，这一地带从毛里塔尼亚一直延伸到埃塞俄比亚，当时并不像现在一样正在向沙漠化发展。

**雅：**说回蔬菜杂烩吧。那茄子呢？

**马：**来自印度。

**雅：**甜椒呢？

**马：**这是一个在墨西哥发现的辣椒品种。不久之后，我们在南美洲发现了其他品种。1493 年，哥伦布的同伴在他们返程途中描述了“一种比高加索胡椒更辣的胡椒”。但还有一种不辣的品种，经过人类成功的驯化，长出了比野生椒更大的果实，也就是甜椒。在欧洲，匈牙利是最喜欢种植这种辣椒的地方。

## “金苹果”的故事

**雅：**让我们来说说欧洲地中海地区的蔬菜皇后番茄吧。

**马：**它是茄科植物。茄科植物中还有土豆、辣椒和烟草。番茄是从一种野生茄科植物——樱桃番茄衍生而来的。现在在墨西哥的维拉克鲁斯州仍有这种野生植物。

**雅：**太有意思了！我们这些年一直在努力培育樱桃番茄，没想到它竟然是所有大番茄之母……

**马：**是的。番茄的命运真是奇特呀！1544 年，因为一个叫马瑟洛斯的人，番茄在欧洲出了名。他发现番茄与有着春药之称的曼德拉草有一些共同点。在这之后，番茄便被人称为“爱情的苹果”，后来又被称为“金苹果”。如今，意大利语的番茄仍然叫“pomodoro”，意为“金苹果”。16 世纪的版画就已经描绘了这种小果实。与甜椒不同，在美国它似乎就是一种没怎么被驯化的次生植物。因此，在番茄来到欧洲的两个世纪里，没有人对它感兴趣。到了 18 世纪，意大利那不勒斯南部的园丁对这种在当时被叫作“狼桃”的红色小果进行了系统的深度驯化。

所以是意大利人，而不是把番茄从墨西哥带到欧洲的西班牙人，把它变成了我们现在了解的普通蔬菜。从 18 世纪末开始，第一批生产番茄酱的工厂在意大利建立起来。这种原产于热带的植物慢慢地适应了更加寒冷的气候。于是，番茄的种植也就逐渐往北扩展。19 世纪时，番茄到达了英国。所以，番茄在意大利获得新生后，又从欧洲出发，征服了祖先所在的美洲大地。

## 熔 炉

**雅：**好故事。现在有了蔬菜杂烩里所有的菜，但是还缺橄榄油。

**马：**这是蔬菜杂烩里唯一一种原产于欧洲的植物，它若不是产自普罗旺斯，也应该是来自地中海盆地，因为油橄榄树原产于近东地区。

**雅**：那果树呢？都是从其他地方引入的吗？

**马**：大部分来自欧洲以外的地方。桃树和杏树是在中亚地区被驯化的。1 世纪，罗马人把波斯的桃树带到了欧洲；8 世纪，阿拉伯人在亚美尼亚发现了杏树。毕加罗甜樱桃原产于欧洲，酸樱桃则来自小亚细亚。梨树被亚历山大从波斯带回了欧洲，但在这之前，梨树可能在亚洲内陆地区已经被人类驯化了。苹果树也是如此。木瓜树来自波斯和土库曼斯坦；无花果树来自土耳其和伊拉克；核桃树来自中国西南山区；榛子树则来自巴尔干半岛和里海海岸……只有李子树是土生土长的欧洲植物。据统计，李子树在北半球有 200 个品种。

**雅**：那草莓呢？

**马**：得看品种。野生森林草莓原产于欧洲，果园里的大草莓则来自美洲。在美洲有两个产地，一个是美国的弗吉尼亚州，一个是南美洲的智利。不过我得强调一下，欧洲土壤贫瘠，没有驯化过什么像样的品种，甚至连大黄也来自中国。当然，所有的柑橘类植物都来自东南亚……

**雅：**一个花园里的植物就经历了这么多的旅行呀！

**马：**有些植物甚至都不需要园丁的帮助。比如，椰子可以漂浮，从东南亚出发，独自征服了所有热带岛屿的海岸。椰子树是一种海滩植物，椰子核落地，滚入水中，顺着水流漂浮，在距离掉落地点 3000 千米外的另一个海滩上发芽生长……

**雅：**椰子树是一种被人类驯化的植物吗？

**马：**不是，尽管人类种植了很多椰子树。另外，是人类带它横穿了 50 千米的巴拿马海峡到达加勒比海地区。

**雅：**继续我们的花园话题。花园的草本植物，像香芹、百里香和月桂，也来自外地吗？

**马：**百里香是土生土长的欧洲植物，香芹和月桂则来自近东地区和地中海周边地区。

**雅**：我们还没有聊过葡萄树。它主要生长在欧洲南部，常常出现在许多西方神话故事里。

**马**：它的故事十分奇特，总之，就是一段真正的生态历险记。

## 葡萄历险记

**雅**：葡萄树出现在何时何地？

**马**：葡萄树出现在地球上的时间已经很久了，远至大陆分离之前。它是第三纪的植物之一，现在主要位于北半球。欧洲的葡萄树来自高加索和里海地区；亚洲的葡萄树则原产于中俄边境。在北海道和库页岛上有一种葡萄树，但这种葡萄树其实是一种变种。在5000年前的高加索山南部和波斯周边地区，人类就已经压榨葡萄汁了。在古埃及，葡萄酒就已经是一种日常饮品。我们已经发现了当时用来酿酒的压榨机、葡萄酒桶以及有葡萄酒产地和制造者姓名的双耳尖底瓮。葡萄树的种植技术最早是由希腊人带到地中海周边地区的。后来，罗马人又把这种技术引入了欧洲内陆。

**雅**：应该是尤利乌斯·恺撒把葡萄酒带到高卢的吧？

**马**：不是。葡萄树是被希腊商人带到法国南部的。当恺撒大帝进入高卢时，里昂人已经在酿葡萄酒了。甚至在罗马人带着他们的陶制双耳尖底瓮到达之前，高卢人就已经发明了葡萄棚架。栗子树也按照一样的路线进入了欧洲内陆。天主教会把葡萄树一直带到了欧洲北部：从英国南部到德国北部的不来梅。不久之后，葡萄树也被天主教会带到了北非，因为一直到毛里塔尼亚都有天主教的教区。

**雅**：美洲也有葡萄树吧？

**马**：当然。在哥伦布发现美洲之前很久，维京人就已经经由冰岛和格陵兰岛到达美洲。他们在 1000 年左右在格陵兰岛建立了一块殖民地。维京人经由格陵兰岛穿过大西洋，在圣劳伦斯河河口附近登陆。经过欧洲探险，他们已经认识了葡萄树，所以很快便认出了美洲的野生葡萄树。因此，红发埃里克[1]的儿子莱弗曾经把美洲叫作“Vinland”，即葡萄酒之乡。

---

① 全名埃里克·瑟瓦尔德森（950—1003），挪威维京探险家、海盗，外号“红发埃里克”。他的儿子莱弗后来也成为一名著名的探险家。——译者注

## 领主的葡萄树

**雅：**维京人的问题就是没有继续他们的远征。美洲葡萄树在欧洲移民抵达美洲之后才重新被发现吗？

**马：**不是。哥伦布曾带过一批西班牙的葡萄苗到美洲。正是靠着这些葡萄，新墨西哥的耶稣会修道院制造出了葡萄酒。加利福尼亚的天主教方济各会修道院也是。从圣地亚哥到旧金山，到处都是成熟的欧洲葡萄。

**雅：**与美洲的野生葡萄苗不一样，这种葡萄苗已经被驯化了吧？

**马：**是的。不过，这种葡萄苗的种植进行得并不顺利。当时，欧洲没有出现过的两种病害——白粉病和根瘤蚜，袭击了四分之三的葡萄园。但随着时间的推移，葡萄树渐渐适应了环境，部分葡萄树具有了抗性。

**雅：**从来没有人对美洲野生葡萄树感兴趣吗？

**马：**美洲东海岸的英国移民对它们产生过兴趣。从 1621 年开始，马萨诸塞州的英国移民用野生葡萄酿制了葡萄酒。1629 年，清教徒牧师希金森收获了很多葡萄。虽然这些美洲葡萄品种产量大，但有一个缺点，就是葡萄酒散发着恶臭。因为这种葡萄有种狐臭味，所以后来我们把这种葡萄酒叫作“狐臭香型”葡萄酒。

**雅：**英国人是很棒的葡萄酒鉴赏专家，他们当时喝得下这种葡萄酒吗？

**马：**喝不下。他们最终放弃了饮用这种葡萄酒，转而在 18 世纪初引进了可以酿酒的欧洲葡萄品种。不幸的是，这些葡萄苗全都死掉了，依然是因为白粉病和根瘤蚜。当时东海岸的受灾情况似乎比太平洋一侧的西班牙殖民地更严重，就连美国总统托马斯·杰斐逊都亲自出面干预，主张恢复种植本地葡萄。

**雅：人们又得喝那种有狐臭味的葡萄酒？**

**马：**是的。但是美国东海岸的葡萄种植者没有放弃。1735年，费城一个叫詹姆斯·亚历山大的人就种植出了一种欧洲葡萄与美洲葡萄的杂交品种，这一杂交品种抵抗住了病虫害的侵袭，酿出了算是能喝下去的葡萄酒。因此，美洲以葡萄杂交技术解决病虫害问题比欧洲早了一个半世纪。

## 多灾多难的葡萄树

**雅：欧洲人不知道美洲有杂交品种的事吗？**

**马：**不知道。那个时候，信息传递不够通畅。而且能酿出质量上乘的葡萄酒的欧洲人，除了用美洲葡萄树装饰墙壁和花园棚架外，对美洲葡萄根本就不感兴趣……因此，欧洲人引进了一些装饰葡萄品种，白粉病也随之而来了。从1847年开始，白粉病开始摧毁葡萄树和其他植物，如玫瑰。1852年，莱昂斯·德·拉韦尔涅研发的硫黄处理法能够抵抗病虫害。不过，有些人为了降低喷洒硫黄的高成本，便尝试种植能抵抗白粉病的美洲葡萄树。1861年，一位名叫里多尔菲的托斯卡纳人种了一片美洲葡萄品种的葡萄园。1866年，波尔多的酿酒师拉林诺也效仿他，栽种了美洲葡萄。

**雅：**他们酿出了好喝的葡萄酒吗？

**马：**他们引发的大灾难使得这个问题退居其次。机灵的欧洲人在引进能抵抗白粉病害的葡萄树的同时，也把葡萄根瘤蚜（法语中叫毁灭者蚜虫）带入了欧洲。真是一场名副其实的大灾难。在法国，250万公顷的葡萄树中有150万公顷被毁坏。

**雅：**人们当时没有找到应对方法吗？

**马：**找到了几种方法。首先，用水浸透葡萄树的根，这样蚜虫就被淹死了。但葡萄树无法适应，而且最好的葡萄园都位于山坡上，所以根本就实现不了。于是另一妙计出现：用一种硫化碳对根进行处理。

**雅：这种方法的缺陷是？**

**马：**这种方法过程复杂，首先得刨松植物根部的土壤。这一步骤代价极高。所以只有追求品质、有利可图的大型葡萄园才能够负担起这种治疗方法的费用。第三种解决方法是引进美洲可防虫的葡萄树幼苗。问题是，他们当时也发现这种葡萄树产出的葡萄酿酒不好喝。而且，尤其是那些没有遭受病虫害的葡萄园主反抗说："你们将给我们带来更多的蚜虫！"最终，美洲葡萄树依然被引进了欧洲，而且我们也将新大陆的葡萄树品种与美国人一个半世纪之前改良过的法国葡萄树品种再次进行了杂交。

**雅：有好的开始，就有好的结局……**

**马：**根本就不是这样！杂交品种酿出来的葡萄酒在美国可能还能被人接受，但在法国就不行！所以，第三种方法被放弃了。我们改良了嫁接技术，把美洲葡萄树树根作为法国品种的嫁接主体。于是，仅仅用了 20 年的时间，蚜虫危机就被解除了。

**雅：这次危机造成了严重的后果吧？**

**马：**首先，这次危机使葡萄种植园更加集中。许多小型葡萄园就此消失了，还有大批本地葡萄树也永远消失了。接着，这些美洲葡萄树根就像真正的土壤吸收机器，葡萄树得到了丰富的营养，葡萄产量急剧增加。尽管葡萄种植总面积没有以前那么大，却出现了产量过剩，导致了 1907 年的大危机。同时，也出现了一个奇怪的现象：在巴黎大区南部，一些破产的葡萄种植者转而投入玫瑰的种植。他们把从葡萄大棚里采摘、修剪的玫瑰花，利用连接布瓦西圣雷热和巴士底狱的蒸汽火车运到了巴黎中央市场。芒德雷莱罗斯地区也因此成为法国最重要的玫瑰种植中心。

**雅：那么，美洲西海岸的耶稣会葡萄园和方济各会的葡萄园变成什么样了呢？**

**马：**在美西战争以及加利福尼亚和新墨西哥并入美国之后，多多少少有些葡萄园被人遗弃了。但是有几种葡萄树和这些栽培品种一起被种在了秘鲁的土地上。从那之后，葡萄种植便一路南下，来到了智利。葡萄树非常喜欢这个气候温和、没有白粉病和根瘤蚜病害的地方。这也使得今天智利的葡萄果农敢说他们是世界上唯一种植着百分百纯种欧洲葡萄树的人。

## 阳光与大豆

**雅：**真是段传奇故事呀！玉米和向日葵也是从美洲来到欧洲的。那它们来到欧洲的时候没有带来一些新的病害呢？

**马：**当然有。玉米和向日葵也带来了一场场病害。但当时的欧洲并没有可以被感染的本地玉米或向日葵。

**雅：**进口这些植物的历史并不久远，是吗？

**马：**大面积种植向日葵是最近这些年才开始的。20 世纪 70 年代之前，向日葵一直生长在花园中，最多会长在田野里。那时，像凡·高的画所描绘的那样，人们把向日葵装到花瓶中，而不是炼成油用来做菜……在很长的时间里，人们食用的是洋姜，一种很接近向日葵的植物，如今已弃用。洋姜开的花很美，看起来就像是一朵小向日葵，但我们食用的是块茎。洋姜大约是在 1605 年由魁北克城建立者法国人萨缪尔·德·尚普兰从美国的印第安纳州带来的。人们之前一直叫它“耶路撒冷洋蓟”，但原因不详。

**雅：**如果在这之前向日葵就曾经被引进过，那就证明当时人们对它感兴趣。

**马：**是的。向日葵曾在17世纪时就来到了欧洲的植物园。那确切的原产于地在哪儿呢？我们知道得并不多。能够确定的是，这是一种适合生长在美洲草原，已经被印第安人驯化了的植物。但是中间隔了许久才开始向日葵的种植。首先，它曾经在乌克兰、保加利亚等内陆草原获得过大丰收。向日葵真正在法国种植的时间是20世纪70年代中期。

**雅：**为什么呢？

**马：**在殖民时期，塞内加尔的花生油压制了法国所有油料作物的生产。在殖民地获得独立之后，法国必须恢复油料作物生产。人们开始重新种植油橄榄树，并探索其他途径。人们开始将原有的向日葵与产量高的俄罗斯向日葵品种进行杂交。

**雅：因为俄罗斯的向日葵品种产量超过了美国吗?**

**马：**可能是因为更适合法国的气候。俄罗斯人曾对向日葵进行过大量改良。在冷战时期，俄罗斯人处于一种几乎封闭的状态。因而，他们没有足够的油料来源。没有油橄榄树、花生、大豆……所以他们选择对向日葵进行杂交，并取得了显著成效。

**雅：所以，后殖民时代的法国也有几乎相同的理由来大力发展向日葵种植。**

**马：**从某种意义上来说是的。而且，大豆危机导致事情加速发展。美国垄断了大豆种植（我们之前已经说过，大豆原产于中国）。大豆产油，豆饼肥还能给家畜提供大量的蛋白质。1972年，美国为了获利，控制大豆出口，导致大豆价格攀升。结果，所有人都在寻找大豆的替代品，田地里种满了向日葵。

## 最后的世界粮食

**雅：**那玉米呢？它在欧洲的种植似乎也是最近的事。

**马：**不是！只能说在欧洲北部的种植是最近的事。西班牙人怎么会没注意到这种不同寻常的谷物呢！在哥伦布抵达美洲时，美洲的海岸到处都是玉米。他的儿子，在讲述他的第一次旅行时，解释说他父亲发现了一种被当地居民叫作“maïze”的小麦，而且是与豌豆（实际上是大豆）一起被人种到地里的。

**雅：**玉米已经被人类驯化了？

**马：**完全正确。另外，我们也很难找到它的野生祖先——玉米草，因为玉米草是一种与被驯化的玉米完全不同的植物。

**雅**：所以，哥伦布带着玉米回了西班牙？

**马**：从第一次航海开始，他便会带玉米回国。玉米种子易运输，易保存，易播种。在水量充足的伊比利亚半岛南部，玉米找到了与新大陆差不多的生长环境，于是玉米种植便传播开了。后来阿拉伯人取走了一些玉米种子，然后玉米便在埃及生长起来了。自 16 世纪中期开始，玉米又被传播到了东方。所有具备灌溉系统的地方都开始种植玉米了。三角洲地区的玉米产量渐渐高于小麦和大麦，而且尼罗河河谷大部分地区的高粱也被玉米给替代了。之后，玉米种植又延伸到了非洲。在非洲的很多国家，如苏丹、几内亚，玉米取代了本地小麦。在布隆迪，玉米出现在了所有花园中。如果说木薯是贫瘠土地上的神奇植物，那么玉米就是湿润土地上的神奇植物。玉米被传播到了印度和中国，最终变成一种世界性的粮食。

**雅**：但玉米还只被种在气候温暖的地区。

**马**：在第一阶段确实如此。但之后玉米便开始北上。只是过程相当漫长，因为植物需要适应环境的过程。原理总是一样的：拥有最佳抗寒特性的品种渐渐在竞争中获胜，并能够在更北的地方生长。玉米一年年地适应着新环境。几十年之后，玉米覆盖了整个西班牙，然后到达了法国南部。但一段时间之后，这种进程便停止了。玉米到达了它生长环境的最北端，简单来说，就是卢瓦尔河地区。要将玉米传播得更远，我们就得找到其他品种。

**雅：还有其他玉米品种吗？**

**马：**当然。据统计，20 世纪 50 年代法国境内就有 400 种本地玉米品种。在美国，玉米的品种比法国多得多。于是，法国的玉米开始了与美洲品种的杂交，并且得到了一些生长周期更短的杂交玉米。这些玉米经过温带地区夏季太阳几个月的光照便成熟了。

**雅：有一个问题：这种杂交品种产出的玉米不是品质更低且只适合饲养牲口吗？**

**马：**玉米质量的高低与品种的关系更大，与纬度则没多大关系。欧洲北部的玉米质量很好，甚至比地中海地区的玉米质量更好，因为欧洲北部不缺水。确实，法国几乎不种供人直接食用的甜玉米。但这是一种人为选择，与我们的饮食习惯有关。

**雅：玉米、向日葵、土豆、番茄、大豆、西葫芦……美洲植物的名单很长。**

**马：**亚洲植物的名单一样长。

## 因香蕉而亡

**雅：美国人是否也引进了一些亚洲或近东地区的植物呢？**

**马：**当然。大豆、水稻和小麦就是引进植物。甜蔗也是。甜蔗原产于中国南方，被亚历山大大帝在印度发现，又被罗马人带至欧洲。当时罗马人叫甜蔗为“甜芦竹”。后来，阿拉伯人把甜蔗种到了整个地中海南部，尤其是埃及。16 世纪，人们在加那利群岛发现了甜蔗。接着，葡萄牙人也开始种植甜蔗。17 世纪，甜蔗出现在亚速尔群岛。接着，巴西整个海岸都种上了甜蔗。不久之后，人们又在加勒比海发现了甜蔗……

**雅**：香蕉树的历史相似吗？

**马**：是的。香蕉最先被希腊人在印度发现。虽然香蕉为罗马人熟知，但和大多数物种一样，由阿拉伯人传播出去。不过，是班图人把香蕉传播到了北非。西班牙人和葡萄牙人把香蕉树从摩洛哥带到美洲种植。后来，香蕉成为美洲第一大种植作物，香蕉出口成为现代农业出口中的支柱。

**雅**：那些所谓的香蕉共和国成了一个符号。

**马**：完全正确！像有美国中情局支持的联合果品公司这样的跨国公司，就曾经毫不犹豫地在中美洲煽动政变，发起战争，其目的就是为了控制整个地区的水果生产。巨大的经济利益驱使他们这么做。

## 第四节

## 玫瑰传奇

不是所有栽培植物都是出于实际需求而产生的。在远古时期，我们就能发现装饰性植物，尤其是花的身影。

## 日出之国的灵魂

**雅：**我们再去花园走一圈看一下花吧。

**马：**花也曾经游历过很多地方。有一个我们到目前为止很少提到的国家，它对于花的发展有着极其重要的作用。这个国家就是日本。日本人曾驯化了许多装饰植物，并改良了很多来自中国的花,如牡丹、“风车”棕榈……甚至,他们还改良过菊花。菊花虽然原产于南欧，但已经在中国被当作蔬菜种植了好几个世纪了。

**雅：**中国人食用菊花吗？

**马：**菊叶和煮过的菊花瓣拌上酱油食用。但是很快,中国人，尤其是日本人培养出了数不清的装饰品种。16 瓣菊花同样也成为日本皇室徽章的图案。

**雅：**真正产自日本的植物吗?

**马：**有一些，比如日本桃叶珊瑚，野生品种生长在日本群岛的高山上，家养品种则因其极强的抗污染性和顽强的生命力出现在西方城市的花园中。还有经常种植在宝塔附近的日本槐，也被称为“长寿树”。在日本南部山脉生长的日本山茶花，高度可达10米。这种花由东印度公司在1792年带到欧洲。如今被列入杜鹃属的大多数杜鹃花都产自日本，因为由东印度公司的商船带到欧洲，所以我们都称之为“印度花”。1681年，日本的花园就已有150个栽培的杜鹃品种了。还有野生泡桐。

**雅：**还有李属植物吧?

**马：**当然。如果说欧洲人改良植物是为了收获质量上乘的水果，那么日本人则是为了获得最美丽的花。一千多年前，日本人就已经对观赏性木瓜树、桃树和樱桃树进行了培育、杂交和嫁接。如今日本的高山上还有数十种野生樱桃树品种。樱桃树作为日本的圣树，被称为“日本的灵魂”。其中有些樱桃树品种相当奇特，就像垂柳，可以长到10米高。还有双花樱桃树，春天时，树上开满了樱花，樱花花朵可达30瓣，看起来就像一朵朵小玫瑰花……

## 一束野玫瑰

**雅：玫瑰真正的产地是哪里？**

**马：**玫瑰出现在地球上也是近期的事，大概在 4 千万年前。西欧野玫瑰就是普通犬蔷薇，拉丁语叫“Rosa canina”，可能因它那粗壮的刺像犬牙一样锋利而得名。它有被种植过，但没有被完全被驯化。

**雅：那么，现在常见的玫瑰是怎么来的呢？**

**马：**来自其他野玫瑰品种。其中一种是法国玫瑰，它主要生长在莱茵河到高加索地区和波斯一带。在很久以前，它曾经被种植在美索不达米亚和巴勒斯坦之间。第二种是腓尼基玫瑰，它也曾在近东地区被种植过。第三种麝香玫瑰也出现在近东地区。这种玫瑰香味浓烈，可能原产于非洲北部。

**雅：**所有这些蔷薇属植物是在什么时期被人类驯化的呢？

**马：**在克里特岛上的克诺索斯王宫遗址中，有着 3900 年历史的蓝鸟壁画上第一次出现了玫瑰花的图案。不过，我们很难确定壁画中的花朵是被驯化的还是野生的。当罗马人抵达埃及时，希腊人已经在埃及的法尤姆发展了玫瑰种植技术。法尤姆是距离开罗西南 150 千米的一片绿洲。人们还发现了很多头戴玫瑰花环的死者画像。尤其在哈瓦拉发现了公元 170 年的古埃及人木乃伊身上有风干的玫瑰花。这些玫瑰花保存相当完好，我们甚至觉得只要几滴水就足以让这些风干的花重新绽放。所以，这些花被辨识出来，并被叫作"圣玫瑰"或"圣约翰的玫瑰"。现今，在埃塞俄比亚的修道院里仍然有这种花。这些花是法国玫瑰和腓尼基玫瑰的杂交品种。因此，它是著名的大马士革玫瑰的一个古代品种。

**雅：**在这段历史中，大马士革玫瑰是怎么来的？

**马：**这个过程有点儿复杂，因为按照出现地点和时代，相同品种的玫瑰拥有了不同的名称。实际上，第一批西方玫瑰是我们前面讲的那三种玫瑰的杂交品种。法国玫瑰和腓尼基玫瑰杂交出现了叫作"圣玫瑰"或"圣约翰的玫瑰"的著名本地品种——大马士革玫瑰。

**雅：**为什么叫它“大马士革”？

**马：**因为是在大马士革发现这些杂交品种的。法国玫瑰和麝香玫瑰在一起又产生了另一种大马士革玫瑰：四季玫瑰。这种叫法略显夸张，植物学家把这种玫瑰归为双季花，也就是说一年开花两次。在西西里岛和意大利南部，它在春天开花。接着，在受到8月热浪的袭击后，便跟冬天一样，它突然停止生长。不过在下了几场秋雨后，它苏醒过来，像春天一样再次开花。

**雅：**剩下的是腓尼基玫瑰和麝香玫瑰的杂交品种。

**马：**是的，这两种玫瑰杂交后没有出现特别突出的后代品种。也许是因为这两种玫瑰各方面都太相似吧。相反，法国玫瑰和大马士革四季玫瑰杂交后产生了药剂师玫瑰。这种玫瑰在中世纪具有光明的发展前途。

## 节庆与爱情之花

**雅：但更早以前还有罗马。**

**马：**是的。玫瑰花被整船整船运到罗马。玫瑰花甚至成了当时罗马从埃及进口的主要物品。

**雅：用船运来的是已经修剪过的玫瑰花吗？这样的玫瑰花能经受住旅途的颠簸吗？**

**马：**从法尤姆出发，顺着尼罗河向北入海需要一到两天，然后再经过六天海上航行到达罗马。但罗马也从昔兰尼加和迦太基购入玫瑰，甚至还购入由希腊人引入西西里岛的玫瑰。他们买的埃及玫瑰都是反季玫瑰。这些玫瑰 3 月开花，不像其他玫瑰在 6 月开花。船舱的温度与海上的温度都在 14 摄氏度左右。因此，在这些条件下，刚刚开放便被采摘的玫瑰花可以坚持一周。这些花主要用于节庆，只能维持一天。这些远道而来的玫瑰当然比我们在花店里买的冷藏花更贵，而且冷藏花在 24 小时内就会枯萎，有时甚至还没开放。

**雅：**既然罗马人对玫瑰有如此大的需求量，他们就没有考虑就地发展玫瑰种植吗？

**马：**当然有。在玫瑰发展史的第二阶段，曾经出现过三个大型种植中心：萨莱诺附近的帕埃斯图姆、那不勒斯附近的莱波利亚以及罗马附近的普雷尼斯特。在普雷尼斯特，园丁培育出了著名的白蔷薇，它是大马士革玫瑰与犬蔷薇的杂交品种。犬蔷薇是西方古代野蔷薇，它在秋天结出的红色果实是顽皮小孩儿的挠痒玩具。罗马人此时开始并发展起了真正的玫瑰种植。

**雅：**这对于一种既不是药物，又不是食物，还不是毒品或麻醉品，更不是建筑木材的植物来说非同寻常。这是第一种只有诱惑作用的原料！

**马：**这种说法不完全正确。玫瑰也用于制作药品、化妆品和精油。烹饪的时候也可以加入玫瑰。但从公元元年开始，玫瑰就被恶魔化了，因为它被看作引发堕落的植物，节庆和情爱之花。中世纪初，玫瑰种植的势头在基督教统治下的西方国家中有所减弱，但这种情况并没持续太久。

**雅：从来没有理由拒绝玫瑰！**

**马：**是的。教会曾试图让玫瑰花的意义变得纯洁，改变人们心目中对玫瑰的看法，就像重新赋予其他宗教节日新的意义。4 世纪，对圣母玛利亚的崇拜与日俱增，便把被赋予纯洁象征意义的玫瑰与神圣贞洁的圣母联系起来，甚至在修道院里种上了玫瑰。

## 为了玫瑰的东征之行

**雅：是什么使得玫瑰作为爱情的象征再次流行起来的呢？**

**马：**东方之行。人们在东方发现了新的玫瑰品种（实际上是早期品种）和变化的社会：风雅之爱的发端。13 世纪的一个人物发挥了很大作用，他是香槟伯爵蒂博四世。据说他是卡斯蒂利亚的布兰卡[1]和塞浦路斯王后的情人，还自称“行吟诗人”。

① 法国国王路易八世之妻。——译者注

他的歌谣被认为是宫廷诗最美的典范，展现了他数不尽的爱情故事。1234 年，在他的叔叔去世后，他成为纳瓦尔王国的国王。他决定进行一次东征。1239 年，他独自一人出发，次年返回，但未到达圣地。不过他从旅行经过的地方带回了一种令其陶醉不已的花朵:药用法国玫瑰。很快,它便被命名为"普罗万玫瑰"，因为他一回来就让人在普罗万这座城市种植了这种玫瑰。玫瑰成为普罗万最主要的贸易商品之一。那里的居民并不像在罗马那样售卖采摘的玫瑰，而是把玫瑰制成饮品、果酱、干花等进行出售。中世纪，香槟区的集会非常重大，是连接北方城市汉萨同盟商人与地中海商人的纽带。正是从拥有优越地理位置的普罗万开始，玫瑰种植在欧洲尤其是在法国复兴了。也是在那个时期，这种玫瑰被命名为"高卢玫瑰"，现在这个名字依然为人所熟知，而且很容易与它的母系玫瑰——法国玫瑰弄混。

## 玫瑰战争

**雅：**高卢玫瑰有重要的后代品种吗？

**马：**有的。据说1279年，兰开斯特的埃德蒙在普罗万旅行时发现了高卢玫瑰，便带了些玫瑰枝回到英国。因为他太喜欢这种玫瑰了，所以把这种花做成了自己的徽章。如今开放在英国橄榄球队员球服上的红玫瑰，其实有着漫长的历史……至于约克家族的白玫瑰，在玫瑰战争期间，其实是一种罗马白蔷薇。普罗万玫瑰与大马士革四季玫瑰杂交之后，产生了波特兰玫瑰。波特兰玫瑰经过与原产于中国和波斯的玫瑰多次杂交之后，最终变成了现代玫瑰，比如著名的美玫兰玫瑰。四季玫瑰也有一种非常漂亮的后代品种：荷兰人把四季玫瑰与白蔷薇进行了杂交，生出了百叶蔷薇——第一种花瓣繁多丰满的玫瑰，经过佛拉芒画家们的勾勒而变得非常出名。

**雅：来自东方的著名玫瑰有哪些呢？**

**马：**一开始叫作“印度花”，因为是在印度被发现的。但事实上，这些花原产于中国，最有名的古代品种是巨型玫瑰和月季花。但是，中国当地的蔷薇属野生品种还没有全部都被找到，中国的植物学研究工作还在继续。巨型玫瑰的原产地极有可能位于西藏的山脊上……不管怎样，这两种中国品种的玫瑰杂交产生了茶色玫瑰。

**雅：茶色玫瑰，是因为它的颜色吗？**

**马：**不是，是因为它散发的香气。那时，装有大量茶叶的船把玫瑰从中国一起带了回来。玫瑰吸入了茶叶那沁人心脾的味道。在这之后，西方玫瑰和中国玫瑰进行了多次杂交。一种中国玫瑰杂交品种与高卢玫瑰杂交之后产生了第一种会多季节开花的玫瑰，也就是说，从春天到秋天会一直开花。月季花原产于热带和亚热带地区，没有经历过四季变化，可全年开花。但它无法适应欧洲的冬季，所以必须与西方玫瑰进行杂交，才能成功适应欧洲的生长环境。在寒冷到来时，它便可以冬眠抵御寒冷，在温暖的时节依然持续开花。

**雅：那波斯玫瑰呢？**

**马：**这是一种异味蔷薇，意味着没有香气。我们不知道它是从哪里来的，只是在波斯找到了它，而且是早已被驯化的品种。这里需要再讲讲美洲的弗吉尼亚玫瑰和加利福尼亚玫瑰。它们从哪里来？是藏在动物皮毛里穿过白令海峡来到美洲的吗？据我所知，美国人根本就没有利用它们。美国有各种各样的玫瑰，不过大部分都原产于英国。

## 嫉妒的尖刺

**雅：从什么时候起，人们再次喜欢上了观赏玫瑰？**

**马：**中世纪！玫瑰象征着纯洁的圣母玛利亚的这种说法，只在短时间内成功俘获了一众信徒。很快，那太过美丽的玫瑰花便与圣母没有任何关系，而再次成为爱情和情色的象征。《玫瑰传奇》这部作品便是最好的证明，其中的第二卷是不适合高中生读的……中世纪之后到法国大革命结束之前，正是拿破仑的嫉妒之火才出现了第一个大型玫瑰博物园。

**雅：**这是怎么一回事儿？

**马：**为了让约瑟芬皇后[①]在他打仗的时候见不到太多人，拿破仑便把她安排在一个远离巴黎的地方居住。为此，他买下了马尔梅松城堡。约瑟芬是马提尼克岛一个种植园主的女儿，她习惯了遍地是花的环境，于是她把城堡里的猎场变成了植物种植园。她让人运来了所有可以找到的植物，特别是各种玫瑰。与拿破仑离婚后的1810年，她不得不离开马尔梅松城堡，但是她建成了当时世界上最大的玫瑰博物园。那里也有英国的玫瑰：国与国之间的封锁也没能阻碍这些玫瑰的进入！伦敦的大苗圃商偷偷把船停在法国近海岸，给约瑟芬送去了她想要的所有玫瑰品种。不幸的是，由于多年无人照料，玫瑰园里只有一部分品种在19世纪被保留了下来。我们现在只能通过雷杜德的画作来了解这个玫瑰博物园的全貌了。

**雅：**马尔梅松城堡当时有多少种玫瑰呀？

**马：**接近200种。在那个时候，这个数量已经十分惊人！

---

① 拿破仑的第一任皇后，法兰西第一帝国的第一位皇后。——译者注

正是在19世纪嫁接技术出现之后，玫瑰品种的数量才得以成倍增加。如今，世界上大概有25000种玫瑰，而且每年都有十多种玫瑰新品问世。如今的研究主要集中在抵抗病虫害方面。因为玫瑰是那么美艳动人，所以它成了时尚宠儿。在大卫·奥斯汀的英国玫瑰被热捧了二十年后，如今又时兴复古玫瑰潮，与罗马人的白玫瑰以及普罗万的高卢玫瑰相像的品种受到喜爱。

**雅：人们正试图返璞归真。**

**马：**所有的玫瑰都是真实自然的。它们利用我们只不过是为了繁衍，大自然不会停止发展。一些所谓的生态学家对新物种的进入感到气愤，他们觉得一些被认为是来自外地的物种会有损现有的和谐景色。但这种论断毫无意义！

**雅：他们应该是植物纯粹主义的拥护者？**

**马：**某种意义上说是的。几个世纪以来，田野一直是植物更替的场所。真正应该令人震惊的是某一物种的大量入侵，不管是什么导致物种单一化和多样性减少。不过，现在的花园和田野里根本就没有一种植物来自当地的原始生态系统。况且，您也非常清楚，最早的时候，地球上只有藻类……

# 第三章

# 大自然的未来

*Acte 3*

# LE FUTUR DE LA NATURE

## 第一节

## 植物研究时代

受到人类喜爱的植物被采集，被驯化，被大量种植。但植物发展的历史远未结束。此后，植物学家和农学家渐渐让位于着手对生命进行重组的遗传学家。

## 生物学的局限

**雅克·吉拉尔东（以下简称“雅”）：**有了化肥、除草剂、杀虫剂和农业机械，农作物的产量不断打破纪录，农业已经不再只是种植，而成为一种工业，不是吗?

**马塞尔·马祖瓦耶（以下简称“马”）：**不完全是。最初，农民的确只知道有机肥料。这种有机肥料在肥沃土壤的同时，也筛选出了最能吸收肥料的植物。接着，工业用几十年的时间制造出了更多的化肥，使得每公顷土壤中的氮含量不再仅限于30千克，而是50千克、100千克、200千克……但工业化肥的成本高。为了取得回报，就必须选择一些新的品种，能够吸收这些计量的肥料，并有更大产量。于是，我们运用掌握的一切基因技术，进行了有意识的、合理的、系统的选择。然而，我们却走到了尽头。

**雅**：“走到了尽头”，这是什么意思？

**马**：某一天，我们发现，要使每公顷土地还能有 10 公担的产量就要比上一次施更多的化肥。但是我们碰到了化肥效用下降的问题。当肥料用量超过一定范围之后，化肥甚至会毒死植物。总之，不能让植物超过光合作用的极限。

## 遗传学家的行动

**雅**：正是在达到极限时，我们开始寻求其他途径吗？

**马**：可以这样认为。如今的转基因技术，并不是为了得到更好的化肥利用率。就这一方面，已经有大量的研究。生物学家开始尝试创造出具有防虫害、除杂草等特殊性能的植物。

**雅**：转基因玉米就是个例，这是第一种推荐在欧洲种植的转基因植物。

**马**：是的，就是 Bt 玉米。

**雅**：为什么叫 Bt？

**马**：是“Bacillus thuringiensis”（苏云金杆菌）的缩写，我们从这种微生物中提取了能抵御虫害的基因植入玉米中。

**雅**：如何能从一种生物中提取基因植入另一种生物呢？

**马**：基因，就是一个分子，或者说是一个脱氧核糖核酸分子聚合物，也就是 DNA。它的主要功能就是控制生物体内蛋白质的结构。不过，每种蛋白质都有自己的功能：有些蛋白质的任务是与微生物做斗争，有的则攻击入侵物，还有些仅仅就是肌肉的组成部分……所以，数百万的功能就意味着有数百万的基因。提取基因的关键就是，辨别出生物体内控制着我们所需要的蛋白质的 DNA 分子。然后复制出一个同样的 DNA，把这个复制出的基因放到另一个生物体中，希望它能以同样的方式发挥自己的功能，并让蛋白质来完成预期工作。

**雅**：仅仅是“希望”吗？

**马**：我们了解被选出的基因在原来的生物体内的特点，但对这个基因在接收体内的运行方式了解不多。当然，我们正在对此进行研究，因为我们想要利用这一技术。但是实验只在有限的领域内进行。

**雅**：风险大吗？

**马**：一个生物体的染色体有数百万这样的分子。一个分子并不能从根本上改变植物的结构，发生畸变。在自然界中，不断有一些基因从一个个体来到另一个个体。生命本就是一场永不停止的芭蕾。如果有一种细菌进入到人体，或多或少会带来一些分子，产生暂时的影响……

**雅：**的确是这样。但是我们人类的身体构造严密、功能齐全，是能抵抗细菌入侵的……除非细菌像计算机病毒一样绕过人体防线直接侵入体内作怪！

**马：**但我并不认为转基因生物会出现重大而不可预测的后果。风险，确确实实存在，但不在转基因生物本身，而在其产生的副作用上。

## 墨西哥玉米

**雅：**Bt 转基因玉米的副作用都有哪些？

**马：**一方面，我们把一种细菌基因植入玉米的遗传基因中，这种基因可以分泌出一种有效防治夜蛾的杀虫液。夜蛾其实就是螟蛾，幼虫会危害玉米。这种做法可以减少使用污染环境的化学杀虫剂。另一方面，植入另一个 DNA 片段，这个 DNA 可以抵抗除草剂的伤害。这样就可以在庄稼地里喷洒除草剂了，消灭所有杂草。

**雅：**那风险在哪儿呢？

**马：**如果在野生玉米草（玉米的祖先）的故乡墨西哥种植这种转基因玉米，几乎可以确定经过一段时间，玉米草会获得这些新基因。玉米草也会获得抵御除草剂的能力，然后遍布中美洲的种植园。一旦了解玉米对该地区人民饮食结构的重要性之后，玉米草的问题就真让人心烦了……

**雅：**但是墨西哥，离我们这里很远。

**马：**是的，并且接触到另一种植物也不大可能。因此，理论上说，只要在这个地区禁止种植转基因玉米就可以。但实际上没有用！一定是有非法交易或失误存在，不管是什么原因，改良的玉米穿过了国境线……在我看来，开始种植这种玉米的美国人本不应该把这种风险与其他风险等同看待。因为墨西哥农民要为他们在美洲或其他地方寻求更多的利益而造成的损失承担责任。

**雅：除了玉米的原产地之外，玉米的改良没有产生其他危险吗？**

**马：**危险可能没有，但有无效的风险。大部分的专家都认为在抵抗夜蛾幼虫方面的免疫力不会持久。随着时间的推移，夜蛾幼虫将适应这种新的状态，然后再次进攻玉米。比如 DDT 杀虫剂，越来越多的蚊虫都对它产生了抗体。另外，疟疾也强势来袭。让人安心的是自然界自救的能力，我们不应该低估这种能力。

**雅：还有其他植物。在转基因玉米之后，其他人工改良的植物也出现了。**

**马：**确实已经有了。而且可以确定，假如我们种植能抵御害虫的油菜，那将是一场灾难。转基因油菜将与野荠菜杂交，然后全部都变成野生十字花科植物……杂草也变得具有防虫性，长得越来越多。总之，这样就得花费一大笔钱来铲除它们！而且更严重的是，现在就只有两大功效全面的除草剂——草甘膦和抗草铵膦。这两种除草剂是内吸性农药，也就是说，它们从叶子进入植物体内产生作用，但是在接触土壤时药效降低。因此，它们污染少，价格不贵，效果很好。这两种农药的发明是一次真正的革命。这是两种现在不可被替代的农药，我们会冒让它们失效的风险吗？在我看来是荒谬的。

## 风险担保

**雅：**但我们早就在非种植期使用这些杀虫剂了。我们承担刚才说的风险就是在作物生长期播撒杀虫剂吗？

**马：**的确是这样。要知道，为了让植物能够吸收大量矿物质的，我们得先选择种植作物，给它施肥，再进行其他复杂的耕作处理。不过，这个过程的成本很高。因此，我们得采取一切可能的措施来避免收成减少。如果期望每公顷土地的产量为90公担，而实际只收获70公担，就会导致收支不平衡！所以才会使用大量杀虫剂来保证产量，并且使用除草剂防止撒播的化肥被杂草吸收。

**雅**：应该还要防止麻雀来吃谷子！

**马**：的确是这样。但这还不够，因为有不可能避免的风险，比如冰雹或冰灾……所以有必要采取预防措施。为了寻找一种能抵御所有风险的保障措施，转基因产品应运而生……但我们触发了并不了解也无法控制的生态连锁反应，所以得十分小心地应对。

**雅**：基因控制技术是什么时候开始的？

**马**：从 20 世纪 60 年代。1973 年，人类就已经完成了在大肠杆菌细胞中植入基因的实验，十年后，得到了世界上第一种转基因植物：一棵能抵抗抗生素的烟草。从此，这种技术得到迅速发展。1985 年，第一种防虫植物出现；1987 年，第一种抗除草剂的植物产生；1988 年，第一种转基因谷物玉米出现；还是 1988 年，第一种转基因产品，名为“Flavr Savr”的晚熟番茄进入市场。

**雅：**这些由人工技术控制的植物会使其他物种消失吗？技术的持有者会得到某种程度的垄断权吗？

**马：**即便转基因产品的性能优良，但所有者只会垄断几个品种。他们控制的要么是无法繁殖的杂交品种，要么是因为他们发明了阻止这些品种自行繁殖的技术，或者是通过法律控制。法律可以禁止人们播种收集的种子，把种子卖给邻近地区，等等。如今，我们给种子颁发专利证，而这些种子正是从世界各国农民数千年的耕耘中获得的。

**雅：**谁将拥有如此大的权力？

**马：**目前还是几家大公司之间的时间竞赛。不过，这也是进步的源泉。如果这些公司不对种子进行不断改良，那么没有人会购买它们的种子。危险的是，如果有一天这些公司控制了所有的优质种子，那所有人都必须去找他们购买了。

**雅：这些公司就真的掌握了“食物武器”。**

**马：**更糟糕的是，没有抵御能力的老品种也将消失！即便这些品种能存活下来，我们可能再也制造不出以前的除草剂和杀虫剂了。那样它们的产量就会大幅下降。有些国家可能会因此受到种子供应商的摆布。所以，我们得不惜一切代价避免这种情况出现。

**雅：因为食物援助，这种情况现在已经存在了吧？**

**马：**有，但还不明显。这是一种隐蔽的封锁策略。不再借钱给你购买小麦，哄抬粮食价格，推迟发货……若一个国家不再能把粮食摆上货架，就意味着人民的生活受到了威胁，也将威胁到政府。这是一种政治讹诈。如今，受害者还可以敲开另一扇门请求帮助。在垄断状态下，一切都会发生变化。

## 甜菜战略

**雅：**“食物武器”已经被公开使用过了吗？

**马：**当然。围城、封锁并不是什么新鲜事。虽然得到的结果总是与期望的不同。拿破仑为反对英国而颁布的大陆封锁令，结果却切断了法国从安的列斯群岛进口的白糖供应链。

**雅：**这正好促进了甜菜种植的发展。

**马：**是的，这是后来的事了。当时人们已经非常熟悉这种来自近东的植物。它的种植至少从公元前 5 世纪就开始了。他们用从甜菜根提取的汁液制成一种“植物蜜”，就像角豆糖浆。甜菜的叶子被人们拿去喂养牲畜。1747 年，一位叫安德烈亚斯·西吉斯蒙德·马格拉夫的德国化学家第一次得到了甜菜结晶糖。1802 年，祖籍法国的物理学家阿夏尔在普鲁士国王的请求下在西里西亚的奥德河畔科恩开办了第一家甜菜制糖厂。但是直到 1812 年，银行家本杰明·德勒赛尔在帕西创办的甜菜制糖厂才真正运作。10 年前，也就是 1802 年，德勒赛尔就已经在那里建立了一家棉纺厂。之后，他被拿破仑授予帝国男爵的封号。

**雅：**后来，甜菜糖便成了蔗糖的强劲对手。

**马：**从 1890 年开始，甜菜糖的产量超过蔗糖：甜菜糖为 364 万吨，而蔗糖为 260 万吨。正常来说，因为甘蔗的含糖量高，所以应该永远不会被取代。但是甘蔗并不像甜菜一样处于一个有利的科技环境中。甜菜是第一批受益于选种和农学研究的植物之一，而甘蔗则因奴隶制度被废除、失去廉价劳动力而受损。

## 出口和食用

**雅：**我们可以估算出食用植物的世界总产量吗？

**马：**这太难了。我们大概清楚粮食的年产量：约为 20 亿吨。这是个有趣的数字，意味着地球上每个人有 330 千克。我们知道，每人年均有 200 千克粮食就不会挨饿了。所以，全球粮食产量是远够供应现有人口的。在发达国家和部分发展中国家，大部分的粮食被用来喂养动物。在发达国家，61% 未出口的粮食被用来喂养牛、猪和鸡，16% 用于工业，只有 23% 是给人类食用的。而在大多数发展中国家，72%可用粮食是给人类食用的！如今8亿人仍忍受着饥饿。这8亿人中，大部分是第三世界国家的贫苦农民和失业者。因此，饥饿并不是因世界产量不足而出现的技术难题，而是一个政治和社会问题。

**雅：在这些情况下，继续对产量已经很大的品种进行更复杂的研究让其获得边际收益是否真的很重要呢？**

**马：**我认为这迫在眉睫。第三世界国家，像中国、印度、印度尼西亚、埃及和其他许多国家，通过大量使用肥料和杀虫剂，现在已经实现了农业高产。

**雅**：第三世界国家也经历了“绿色革命”吗？

**马**：是的，我刚刚列举的国家就是。在过去的30年里，当世界粮食年产量从11亿吨增加到20亿吨时，第三世界国家的粮食产量增加低于3亿5千万吨。因此，在20世纪末，西方国家的粮食出口量从1970年的220万吨增加到了1200万吨。这么多粮食几乎全被发展中国家吃掉了。这就是为什么现在的目标是让研究服务于最贫穷的国家、最落后的农业和没有享受到科技进步的最贫穷的农民。

**雅**：现在已经有一些援助计划了。

**马**：是的，但还不够。当我们进行技术传递时，不要忘记相关的植物和农民！要是没有能够吸收化肥的遗传基因，化肥又有什么用呢？把化肥撒到不经筛选的小米上，结果只会令人大失所望！而且还要注意不要撒太多……不过，小米、高粱、木薯、大蕉的产量并没有像其他重要谷物那样大幅提高。世界上小麦的平均产量是每公顷25公担，水稻是35公担，玉米是40公担。高粱呢？每公顷14公担，而小米是9公担！这些植物并不像咖啡、可可那些出口作物一样成为研究对象。还有，要是农民没钱购买新型改良种子，这些种子又有什么用呢？

## 被遗弃的植物

**雅：对水稻和玉米的研究给发展中国家带来了好处。**

**马：**是的。但这些是在大面积土地上种植的“大类”植物。人们根本就不关注偏僻或贫瘠地区的植物，还有人把它们叫作“被遗弃的植物”。国际农学研究也承认，这些自产自销的植物被忽略了。所以，现如今应刻不容缓地大规模投入到这些植物的改良工作中去。

**雅：您真的认为这种无法保证回报的投入是可行的吗？**

**马：**我相信 21 世纪需要这些植物。不过，如果没有小农继续种植，那么这些植物将从大自然中消失。

**雅：可能有一天农产品加工业会发现高粱的经济价值……**

**马：**当然，我们一直在寻求产品多样化，制造新产品。还有另一个关注这些被遗忘的植物的理由。当今，每个人都认为改善贫苦农民的现状是迫在眉睫的事。当他们在世界市场上出售产品时，为了让他们得到合理的回报，我们还须做出实在的努力。这是阻止农村人口外流的唯一方法。农村人口流入城市，将导致更多城市因不能提供就业岗位和住房而变得不适宜生存，农村的痛苦转化成了城市的痛苦。现在，因为不顾处于饥饿中的农村人口，世界上出现了越来越多的贫民窟。我们应该明白，遗弃植物就是遗弃人类。植物的历史，就是人类的历史。

## 第二节

## 沙漠的威胁

大雨冲刷失去植被的土地，带走土壤，沙漠成了赢家。沙漠化现象首先发生在第三世界国家，后扩展至地中海周围的发达国家。我们在最肥沃的土地上修建马路，建立城市。

## 滋养的风

**雅克·吉拉尔东（以下简称“雅”）：**撒哈拉沙漠以前一直干旱吗？

**泰奥多尔·莫诺（以下简称“泰”）：**当然不是。在新石器时代，它还是一个大草原。岩洞壁画可以佐证：在埃及西部的利比亚沙漠里，我曾经见过许多刻有长颈鹿的壁画。不过，现在这是一片长期不下雨的地区。

**雅：**真的不下雨了吗？

**泰：**少得可怜。有时会下几滴雨。当然，世界上并不存在一个从来不下一滴雨的地方……我近期去到的一个干涸的河床，在我去的几个月前就下过雨。正好，我可以在那里采集一些植物，补充到基尔夫凯比尔高原的植物群中。这个植物群已经有 40 多个物种了。不过那里真是一个极度干旱的地区，走完 100 多千米可能也看不见一棵活着的植物。

**雅**：所以会有等待了数年的种子吗？

**泰**：事实上，有些种子在多年前的花期后就一直在等待着。也有一些随风而来的种子。从北方吹来的风湿润了这片600千米长的沙海。我想，现在人们在那里唯一能看到的生物应该是无翅螳螂。而且得仔细找，因为它的外表有着与沙子一样的颜色。它不能飞，只能在地上跑。它以什么为食呢？同类相食并不是长久之计，肯定还有其他东西。在我看来，这些小昆虫吃的是随风带来的生物。风不仅对于种子迁移非常重要，对蝴蝶和蜻蜓的飞行也是如此。有一天，我在撒哈拉沙漠的塔奈兹鲁夫特盆地中心发现了一只蜻蜓。但是，我们都知道蜻蜓幼虫是水生的……这只蜻蜓肯定出生在阿尔及利亚南部的棕榈林里，然后顺风飞行了几百千米才到达了这个地方。

## 生存策略

**雅：沙漠中的植物是如何在如此恶劣的环境下成功存活下来的？**

**泰：**撒哈拉沙漠的植物具有在那里生存的所有必要条件。那里的植物可以分为两大类。一类是不需要对抗干旱的植物，因为它们可以一直等待下雨。它们只在有水分的土壤里生长。在干涸的河床中心，有些植物可以长到1米高。但一旦远离河岸，土壤没有那么湿润，它们长得就没有那么高了。另一类是直面挑战的植物。它们运用各种策略抵抗炎热和干旱。有些植物甚至没有茎，直接在胚芽上开花。有些没有叶子，另一些则没有枝丫。有些禾本科植物把自己包裹得严严实实，避免气孔与外界空气接触。所有的防御措施都万分有趣，体现出了生命的力量。这些植物之所以生长在沙漠中，是因为它们都有能力抵御干旱。当然，也有些植物枯死了，比如刺槐、猴面包树等。但猴面包树来自北非萨赫勒地区，不是撒哈拉沙漠的植物。

**雅：对于某些植物来说，沙漠可能是一处避难所？**

**泰：**是的。有些植物甚至只生活在沙漠中，它们已经适应了沙漠的环境。在一个更加富饶的环境中，我们可以认为其他植物会抢占优势并消除它们。

**雅：人口的过度增长使新石器时代的草原变成了沙漠吗？**

**泰：**不是的。那时的人类并不具备现代人掌握的破坏手段。

**雅：一万年前，人类发明了农业，不久之后，又发明了畜牧业。植物可能从那时开始受到了过度放牧的影响……**

**泰：**新石器时代并不是这样的。早期的放牧人和牧群一直与草原和谐相处。那时的破坏不是人类所为，气候变化才是罪魁祸首。您知道我们在毛里塔尼亚发现蓝藻化石的事吧？

## 寻找曲白金花属植物

**雅**：沙漠中还存在有待发现的植物群吗？

**泰**：我们在澳大利亚发现了一些有趣的东西，可能在西撒哈拉地区会有所发现，不过都是微生物化石。现在，撒哈拉地区的高级植物群已经十分清楚。不过，有一种植物我可找了很久。

**雅**：什么植物？

**泰**：我在 1940 年 3 月 18 日发现了这种植物。我当时是位于提贝斯提区的一名士兵。我没有权力进入利比亚境内，不过还是去了。我的决定没有错：我在那里找到了一种植物，后来被植物学家勒内·梅尔确定为一个种类，甚至是一个新的属。

**雅**：这种植物叫什么名字？

**泰:**曲白金花属。我们当时只有一个标本,结果还给弄丢了。我们以为它长在阿尔及尔，但没在阿尔及利亚的草丛中再次发现。于是我们到处去寻找。

**雅：**您没有再返回利比亚南部吗?

**泰：**去过了，1996 年去了那里。我去了之前发现这种植物的地方。1940 年，那里曾经有一处水量充足的泉水，叫作“艾因贡贡”。这种泉源通常出现在两个地质构造重叠的边缘地带：下面是晶状片岩，上面是奥陶纪砂岩。因此，水从这个地方源源不断地流出，图布族游牧人也把骆驼带到那里喝水。当我在 1996 年再次来到这个地方的时候，这里什么都没有了。泉水已经干涸。不过隐约还能见到一些水的痕迹,却没有发现这种植物。但是，我们需要第二个标本呀。虽然勒内·梅尔对这种植物进行了详细的描述，但也仅仅是描述而已，还得知道它的染色体数量……

**雅：**还有希望在别的地方找到一个标本吗？

**泰：**在米赫罗干谷附近的塔西里地区可能找得到。这是一个有趣的地方：是我们最后一次见到活的撒哈拉鳄鱼的地方，大约是在1924年。在萨赫勒地区，比如乍得、毛里塔尼亚等国，现在依然还有这种鳄鱼，但在撒哈拉沙漠已经完全没有了。其实这里以前有很多鳄鱼的：我们在通布图以北发现了从鳄鱼背部的皮甲上取下的鱼钩……最近我去了塔西里，不过只到了米赫罗干谷最高处。在那里，我找到了三种龙胆科植物，但没有发现我感兴趣的那个。

**雅：**曲白金花属是一种龙胆科植物？

**泰：**还不太明确……我们只有它的一部分组织。没有花，也没有种子。然而需要种子才能种植，让专家进行研究。我们还在继续寻找……

**雅：**据统计，整个撒哈拉地区有多少植物物种？

**泰：**800种。法国有4000种。

**雅：**一个如此广阔的沙漠地区有800种，真是挺多的！

**泰：**确实如此。这里依然还是偶尔会下点儿小雨。

**雅：**可能每隔10至20年才会下一次雨，植物得赶紧生长，这样才能得到雨水的滋润！

**泰：**是的。实际上，植物的生长十分迅速。丹麦植物学家哈格鲁普教授在通布图研究授粉时，观察到了匍匐黄细心这种植物在8天内从发芽、长高、开花到结果的过程。它完成了生长的全过程，之后便枯萎了。它知道下一年会下雨。通布图在萨赫勒地区，不像撒哈拉，每年都会下雨。经过8天的生长繁殖和一年的等待，一切重新开始。匍匐黄细心活下去了！

## 敬畏生命

**雅：**人类真的需要曲白金花属和匍匐黄细心吗？一些未来学家确信人类可以放弃自然界中大部分的物种……

**泰：**为了得到木材，我们始终是需要森林的。更宽泛来说，自然……就是生命！我们要尊重生命。阿尔贝特·施韦泽认为：“这种理念甚至可能变成一种新伦理学的基石。”虽然他没有用“尊重”二字，而是“对生命的敬畏”。自从人们被要求“尊重”交通规则之后,“尊重”就已经失去了本来的意义……

**雅：**可是，动物只有吃掉植物才能存活下来，我们被迫得去捕食。

**泰：**的确是，我们没有选择。但是我们没有被强迫一定要吃脊椎动物。我们可以自愿选择。至于种植作物，大部分都被用来喂了猪和牛。

**雅：**在热带地区，每天有数百种植物物种在还没来得及进行统计前，便因人为纵火而化为灰烬……

**泰：**这些火灾既荒谬又罪恶。我们不知道化为乌有的植物含有哪种物质。可能是药品……地球上的所有森林都在退化。连像公园一样得到养护的温带森林里都不再有什么野生物种了。除了泰加森林。但泰加森林的物种数量十分有限，而日益退化的赤道森林却有如大海般丰富的物种。而且像大海一样，分为多个堆叠的生物层。最活跃的是林冠层。我们可以站在热气球的吊篮里对它进行观察。花朵在高处开放，甚至在 45 米高的树杈上还有土壤和晒着太阳的动物。

## 旅鼠效应

**雅：人口数量的不断增加对地球的植物确实产生了严重威胁吗？**

**泰：**当斯堪的纳维亚半岛的小型啮齿动物——旅鼠繁殖过剩时，它们便进行迁移，有时会向大海移动，投海溺亡。这真是太不可思议了！这种冲动的物种……只要它们找到足够的食物便会疯狂繁殖。接着，旅鼠数量严重过剩，不可避免地，食物就会出现不足。于是，它们开始走向死亡。

**雅：个体不重要，物种具有自我调节能力才重要……**

**泰：**是的。我很难想象出一个旅鼠“个体”！不管怎样，这也改变不了什么。

**雅：人类不是啮齿动物。**

**泰：**人是灵长类动物。原以为人类进化成人，主动走出了野蛮……可是，人类一如既往喜欢斗争和暴力。随便吧！人类的结局不堪设想。

## 第三节

## 21 世纪的植物

植物学家、农学家和年迈的沙漠行者，因为一堆书、化石、枯骨、怪石和从最近的旅行中带回的干枯植物聚到一起畅聊未来。面对城市化和荒漠化、物种消失和基因控制，他们认为植物的未来似乎一片黯淡。不过大自然依然资源丰富。幸运的是，植物的生命也是我们人类的生命。

## 灭亡与重生

**雅：**从蓝藻到转基因玉米，我们刚刚看完了植物界的历险故事。按目前的趋势发展，您可以推测出在接下来的时代植物将会如何发展吗？

**泰：**我常常反问自己，是不是所有生物包括人类在内，就像每个个体，都只能在有限的时间内存在？如果能这么认为的话，植物的生命也是有限的……

**雅：**像恐龙一样？

**泰：**是的。属于恐龙的时代一结束，它们便从地球上消失了。植物物种也经历过几次大灭绝，比如古生代最后的二叠纪时期。

**雅：**但这只是历史上为数不多的几个看似大灾难的时期。现在是什么情况呢？

**让：**要知道对于原始世界来说，物种的灭亡要比新物种的出现快很多。

**雅：**现在还有新的物种诞生吗？

**让：**可能吧，但是被记录下来的物种很少。我们进行过全面研究的新物种是“汤森氏米草”，一种生长在盐沼泽地的禾本科植物。20世纪初，这种植物在大西洋沿岸被发现。它是两个其他品种自然杂交后的产物，染色体数量翻倍。于是与其“父辈”相比，这种新生的米草表现出了更强的环境适应力，很快便在自然界占有了一席之地。我们现在一直在谈论它，就是因为对它的历史非常了解。但肯定世界上还有一些我们没有发现的新物种。

**雅：**新物种的数量还没有多到改变地球面貌的地步。

**让：**要想改变世界，就得有数千种物种经历数亿年的时间……或者一次巨大的气候变化。到那时，地球上的植物就将经历一次新的地理分区。不过，也许自然界正在为再次改变做准备，因为每年人们都会说今年比去年更热……

**雅：**变化真的很明显吗？气候变化周期是以百年，甚至是千年来计算的。

**马：**在近百年的时间里，我们观察到气温在明显上升。

**让：**其实很容易理解，石油、天然气和煤炭经历了1亿多年才形成，它们的形成是植物活动与地质作用的结果。植物通过光合作用吸收二氧化碳；地质活动使得二氧化碳能够以化石的方式被保存下来。现在我们正用三四个世纪的时间把这种气体释放到大气中！非常快。

**马：**我们又回到了石炭纪之初！

**雅：**这是否意味着我们将进入一个物种急剧减少的混乱期呢？

**让：**两种现象同时进行：激烈的人类活动与快速的气候变暖。唯一可以确定的是，如今物种消失的数量远高于新物种产生的数量。物种增长数量的总和，显然是负值。这确实不是我们所期望的，我们想要保护生物的多样性。然而，我们还将继续失去很多物种，我们阻止不了物种的灭绝进程。

**雅：**至少，我们已经开始在谈论这件事了。

**让：**是的，这很重要，这说明有人已经意识到了这个问题。

## 农田与森林

**马：**也不要过分夸大。目前地球森林覆盖率是 26%。其中，发达国家的森林面积是 1400 万平方千米，而第三世界国家是 1700 万平方千米。除此之外，还要加上 1600 万平方千米有树木种植的土地。从联合国粮农组织的调查数据来看，发展中国家的森林面积正以每年 15 万平方千米的速度减少。15 万平方千米比瑞士国土面积的 3.5 倍还大！如果森林面积不这样急剧减少，情况可能就没有那么糟糕了。

**雅**：这种现象会加速沙漠化进程吧？

**泰**：沙漠是围绕地球的大气循环造成的。不过很显然，人类肆意垦地和过度放牧加剧了这种状况。比如在萨赫勒地区，虽然现在那里的牲畜和人口数量过多，但这个地区并没有变成沙漠，每年都会下雨。但是，在炮火和过度放牧的双重破坏下，未来在这片土地上，定将只剩下苍蝇和蜥蜴！这已不再只是人口越来越少的撒哈拉地区的问题……

**雅**：那么种植作物呢？它们的未来会怎么样呢？

**马**：如今人类的种植面积约为 1450 万平方千米，显然还将继续扩大。我们认为，世界可耕地面积还有 1800 万平方千米，主要分布在非洲和拉丁美洲。这个数值还包括公园、森林等。不过可以肯定农耕地还能再增加 30%。

**让**：您确定吗？与此相反，我认为种植面积将会减少。

**马**：欧洲确实会减少。因为欧洲农业的发展趋势是在更加富饶、更易进行机械化种植的土地上进行农业生产。一个世纪以来，我们放弃了数千万公顷的土地，现在这些土地已经变成了树木茂盛的无人之地或林木种植园。在加拿大、俄罗斯以及第三世界国家，情况正好相反，那里的人通过占领森林、草原或沼泽地让农作物产量增加了。

**雅：这种变化是长期的吗？**

**马：**对于非洲和马达加斯加的稻田，是的。但热带雨林中用火耕开辟出来的田地都变成了草原。

## 为了再挣几美金

**雅：农村人口的外流和城市的扩大同样导致了土地和树木的消失。不过，在人口聚集在城市的过程中，植物因此获得了更多的生存空间吗？**

**让：**城市化还将继续，一些无人维护的区域可能将变成荒野，但不是所有国家都会如此。

**马：**我们必须清楚地看到，农村居住人口的减少也会有反作用，为了快速、标准化地耕地而导致土地加速退化。这是20世纪发达国家的发展路径。不过，显然不能永远这样运行下去。竞争，作为唯一法则，可能会产生不可逆转的破坏性效果。

**让：**是的！正如对极端自由主义的大肆宣扬，一个广泛建立在金钱之上的社会，在我看来不应该是一种可持续的社会形态。社会体系突然崩塌的时刻可能会出现。

**马：**有太多荒谬的事了。比如，为了扩大草原面积，让每3公顷的草原多喂饱一头奶牛，竟然焚烧亚马孙雨林及丰富的植物资源！真是荒谬！至于现在主推的转基因生物，确实是新型高产植物，但也是危险的：现如今人类在转基因生物中获得的好处，将来必会为此付出代价。

**雅：解决办法是什么？**

**马：**创建完全独立的国际评估监控机构。

**雅：公众对转基因植物的不信任是否有点儿不理性呢？**

**马**：公众对科技可以根据人类的想法重组生命形态而感到担忧，无论他们是否有信仰，这是他们尊重生命，尊重自蓝藻以来 30 亿年进化过程的反应。为什么他们愿意相信这种自然的遗传机制呢？因为这是经过多次尝试、多次错误、一次次奇妙选择的结果，而且能正常运行。他们非常清楚，中间经历了失败，碰到过基因突变，等等。公众并不相信急功近利的基因操控者将找到更好的物种。这种被一些傲慢人士所嘲笑的对自然的信仰，其实就是一种常识，即尊重生命。

## 植物的大自然

**雅**：的确，公众对于食用植物的基因实验反应很大，但是对于为了生产新药而在动植物和细菌等生物体上进行实验却没那么大反应。

**马**：因为我们已经有食物了！不需要为了生存将其他基因植入我们吃的植物中，不需要用风险换取安全。但医药正相反，我们要对抗疾病。药在能治病前也多是有毒的！

**雅：**人如其食。如果我吃狮子肉，就能像狮子一样强壮；如果我吃素，性格就温和；如果我吃了基因被改造的植物，那么我也被改造了……

**马：**我们依赖植物生存！我们离不开它们！有人不愿意植物被随意对待，这是植物不可剥夺的权利。如果有人不想吃转基因大豆，无人有权掩盖商品说明书并逼迫他吃。就像一些有信仰的人，他们不吃肉……丹麦人不吃鲭鱼，因为据说这些鱼会吃溺亡水手的尸体！这是每个人的权利，每个人都值得被尊重。

**雅：**有些生物学家提出了一个具有争议的问题：我们真的需要野生自然吗？

**泰：**这很荒谬：必须热爱植物界！幸运的是，消灭植物界不是件容易的事，让自然消失更是一个不可能完成的任务。

**让：**是的，我觉得这是相当不切实际的。

**雅：**今天，发达国家市场上的番茄大多生长在玻璃棉的基底上，加热塑料管道下面，只用化肥培养。

**让：**是的，它们被当成真正的番茄，就像战争期间用菊苣根代替咖啡。

**雅：**不过我们还是可以吃这种蔬菜的。实际上，我们只需要野生植物产生氧气。

**让：**这一点或许也可以放弃：植物的氧气储存量多到就算它们明天就消失了，我们后天也不会窒息死亡，反而温室效应会让我们在缺氧前就被热浪烤死了……不，我们不能过多地减少野生自然的面积，否则会遭遇巨大的危险。生物多样性对于生命而言不可或缺。

**雅：**大部分的野生动物已经灭亡，或者说接近灭亡，因为它们只生活在作为基因保存库的自然保护区内……

**让：**这种可怕的简化过程是一次巨大的失败。

**泰：**不，我并不担心，因为植物有顽强的生命力。我继续在沙漠中找寻那些我们不知道能在那里存活的物种。

## 未来农业

**马**：现代发展趋势并不都是负面的！伴随着农业机械化和密集单一的种植方式的推广，一种未来的新型农业模式正在一些人口密度大、机械化程度低的区域逐步形成，比如，亚洲的三角洲地区、尼罗河河谷某些区域。而在海地和非洲大湖地区，这种模式才刚刚起步。

**雅**：这是一种怎样的农业模式？

**马**：涉及多个非常复杂的生态系统，有好几层，与绿洲的情况有点儿相似……比如，在这种模式中，糖棕榈树下面生长着果树；再往下，是种在稻田田堤上的蔬菜……有时还在田里养虾！这种模式能培育出多种生物并产生大量肥料，运行模式有点儿像森林。这些生态系统各不相同，但都能提供高品质、多样化的食物，并且需要大量人力。

**雅**：您真的觉得这是未来的农业模式吗？

**马**：如果继续推行 20 世纪的农业模式，我们将走进一个死胡同。人和植物应该创造出一种新的共存方式。这就是为什么我坚信未来农业将是综合型农业，集合了我们已在使用的现代模式与正在人口密集的国家形成并快速发展中的新模式。

**雅：这种保护大自然的农业，也可以创造出巨大的市场。**

**让**：可能吧。20 世纪末有两个明显的对立要素：高科技和大自然。问题是我们该如何让这两个对立要素产生协同作用呢？

**泰**：有更多新的物种出现应该也很不错。但要特别注意，我们不能影响所有已经出现的物种。在我的家乡西撒哈拉地区，有一片长 1000 千米、宽 500 千米的广阔地区，但我在那里只见到了 7 种开花植物，比格陵兰岛还少！这些植物太珍贵了，必须得好好爱护。

**让**：我有信心，生命是如此足智多谋。发达国家的园艺活动又蓬勃发展起来了。这是一项重要的种植活动。甚至在精神病院里还有用于治疗的花园：人类对自然的依赖是如此之大，就连花园都能帮助人类治疗疾病。大自然对孩子具有天然的吸引力，这也表明自然早已镌刻在人类的基因中。植物和人类，虽为两种形式，但同是生命。

**图书在版编目（CIP）数据**

美妙的植物史：生命的根源 /（法）让－玛丽·佩尔特等著；李婷婷译．-- 重庆：西南大学出版社，2022.6

ISBN 978-7-5697-1378-7

Ⅰ．①美… Ⅱ．①让… ②李… Ⅲ．①植物－普及读物 Ⅳ．① Q94-49

中国版本图书馆 CIP 数据核字 (2022) 第 056716 号



**美妙的植物史：生命的根源**

MEIMIAO DE ZHIWUSHI:SHENGMING DE GENYUAN

[法] 让－玛丽·佩尔特 [法] 马塞尔·马祖瓦耶
[法] 泰奥多尔·莫诺 [法] 雅克·吉拉尔东 著
李婷婷 译

出版策划：闫青华 何雨婷
责任编辑：伯古娟
责任校对：何雨婷
特约编辑：姚敏怡 李炳韬
营销编辑：张 戈
装帧设计：万墨轩图书·夏玮玮
出版发行：西南大学出版社（原西南师范大学出版社）
重庆市北碚区天生路2号 邮编：400715
市场营销部电话：023-68868624
印 刷：重庆升光电力印务有限公司
成品幅面尺寸：148mm × 210mm
印 张：8.375
字 数：180千字
版 次：2022年6月 第1版
印 次：2022年6月 第1次
著作权合同登记号：版贸核渝字（2022）第114号
书 号：ISBN 978-7-5697-1378-7

定 价：58.00元

# 读者 Readers 回函表

WIPUB BOOKS

姓名：________ 性别：______ 年龄：______ 职业：________ 教育程度：______

邮寄地址：______________________________ 邮编：________

E-mail：______________________ 电话：______________________

**您所购买的图书名称：**《美妙的植物史：生命的根源》

**您对本书的评价：**

书名：□满意 □一般 □不满意 | 故事情节：□满意 □一般 □不满意

翻译：□满意 □一般 □不满意 | 装帧设计：□满意 □一般 □不满意

纸张：□满意 □一般 □不满意 | 印刷质量：□满意 □一般 □不满意

价格：□便宜 □正好 □贵了 | 整体感觉：□满意 □一般 □不满意

**您的阅读渠道（多选）：**

□书店 □网上书店 □图书馆借阅 □超市/便利店 □朋友借阅 □找电子版

□其他 ________

**您是如何得知一本新书的呢（多选）：**

□别人介绍 □逛书店偶然看到 □网络信息 □杂志与报纸 □新闻

□广播节目 □电视节目 □其他

**购买新书时您会注意以下哪些地方（多选）：**

□封面设计 □书名 □出版社 □封面、封底文字 □腰封文字 □前言、后记

□名家推荐 □目录

**您喜欢的图书类型（多选）：**

□文学-奇幻小说 □文学-侦探/推理小说 □文学-情感小说 □文学-散文随笔

□文学-历史小说 □文学-青春励志小说 □文学-传记

□经管 □艺术 □旅游 □历史 □军事 □教育/心理 □成功/励志

□生活 □科技 □其他 ________

**请列出3本您最近想买的书：**________、________、________

**请您提出宝贵建议：**______________________________

______________________________

★感谢您购买本书，请将本表填好后，扫描或拍照后发电子邮件至wipub_sh@126.com，您的意见对我们很珍贵。祝您阅读愉快！

亲爱的读者朋友：

也许您热爱阅读，拥有极强的文字编辑或写作能力，并以此为乐；

也许您是一位平面设计师，希望有机会设计出装帧精美、赏心悦目的图书封面。

那么，请赶快联系我们吧！我们热忱地邀请您加入“编书匠”的队伍中来，与我们建立长期的合作关系，或许您可以利用您的闲暇时间，成为一名兼职图书编辑或兼职封面设计师，成为拥有多重职业的斜杠青年，享受不同的生活趣味。

期待您的来信，并请发送简历至 wipub_sh@126.com，别忘记随信附上您的得意之作哦！

为进一步提高我们引进版图书的译文质量，也为翻译爱好者搭建一个展示自己的舞台，现面向全国诚征外文书籍的翻译者。如果您对此感兴趣，也具备翻译外文书籍的能力，就请赶快联系我们吧！

您是否有过图书翻译的经验：

□有（译作举例：________________________________ ）　□没有

您擅长的语种：

□英语　□法语　□日语　□德语

您希望翻译的书籍类型：

□文学　□心理　□哲学　□历史　□经济　□育儿

请将上述问题填写好，扫描或拍照后发至 wipub_sh@126.com，同时请将您的应征简历添加至附件，简历中请着重说明您的外语水平。